JIANZHU
MAKEBIBIAOXIAN

·设计手绘丛书   李一飞 韩 焘◎著

建筑马克笔表现分步精解

中国水利水电出版社
www.waterpub.com.cn

内 容 提 要

本书属于"设计手绘丛书"之一。全书共分为 10 章，第 1 章对工具予以介绍，第 2 章讲解了建筑透视学知识，第 3 章介绍线稿的绘制技法，第 4 章介绍马克笔的上色技法，第 5 章至第 10 章详细讲解了人物、植物、车辆、别墅、写字楼和教学楼的绘画技法。书中每章表现图的上色过程均使用相机分步拍摄下来，每个步骤按照用笔方法、颜色调节方法和绘画时需要注意的技术问题 3 个方面进行详细讲解，使读者直观地看到每章表现图的全部绘画过程。即使是零基础的读者，只要按照书中的步骤进行绘画，也可以绘画出和图例相近效果的马克笔表现图来。

本书适合建筑设计、环境设计和园林景观设计专业人员，高等院校设计类专业师生，马克笔绘画爱好者学习使用，既可用于个人自学，也可作为培训教材使用。

图书在版编目（CIP）数据

建筑马克笔表现分步精解 / 李一飞，韩焘著. -- 北京 : 中国水利水电出版社，2012.9
　（设计手绘丛书）
　ISBN 978-7-5170-0195-9

Ⅰ. ①建… Ⅱ. ①李… ②韩… Ⅲ. ①建筑艺术－绘画技法 Ⅳ. ①TU204

中国版本图书馆CIP数据核字 (2012) 第222296号

书　　名	设计手绘丛书 **建筑马克笔表现分步精解**	
作　　者	李一飞　韩焘　著	
出版发行	中国水利水电出版社 （北京市海淀区玉渊潭南路 1 号 D 座　100038） 网址：www.waterpub.com.cn E-mail：sales@waterpub.com.cn 电话：（010）68367658（发行部）	
经　　售	北京科水图书销售中心（零售） 电话：（010）88383994、63202643、68545874 全国各地新华书店和相关出版物销售网点	
排　　版	北京时代澄宇科技有限公司	
印　　刷	北京博图彩色印刷有限公司	
规　　格	210mm×285mm　16 开本　7 印张　157 千字	
版　　次	2012 年 9 月第 1 版　2012 年 9 月第 1 次印刷	
印　　数	0001—3000 册	
定　　价	**48.00 元**	

前　言

　　为了满足建筑设计、园林景观设计和环境设计专业人员对建筑马克笔表现图的需求，以及高等院校设计类专业课程对色彩的掌握和学习，本书深入浅出、循序渐进地讲解了马克笔表现图的绘画技法。

　　改革开放以来，建筑设计园林景观设计和环境设计从业人员，一直以马克笔表现图的形式来表达设计理念和设计的效果。在 20 世纪 90 年代末期，随着科学技术的发展，电脑逐渐进入了设计领域，电脑效果图陆续替代了马克笔表现图。但电脑效果图经过十几年的飞速发展，也逐渐显露出了各种弊端。因为即使没有美术基础的人员，经过几个月短期的电脑软件培训，也可以上岗从事电脑效果图方面的工作，从而降低了从业人员的门槛高度，以至于所绘画出来的电脑效果图根本无法正确表现出建筑空间感和美术感。同时，电脑效果图与马克笔表现图在工作时间上相差无几，工作效率不仅没有得到提高，反而表现效果却大幅度降低。

　　马克笔表现图具有独特的画面效果，以马克笔表现图来表达设计理念和表现效果的从业人员，通过手绘的形式，经过时间的磨炼，绘画作品质量会得到稳步提升。马克笔表现图从业人员都是从简单的规划平面图和立面表现图开始锻炼，经过长时期的锻炼和提高，才可以进入透视表现图和鸟瞰表现图等难度较高的图纸绘制阶段，从而保证了马克笔表现图的画面质量，能够正确表达出建筑空间感和美术感。

　　全书共分为 10 章：第 1 章介绍了多种常用的绘画工具；第 2 章详细讲解了一点透视、两点透视和俯视透视的透视原理，并结合实际案例讲解各种透视的应用技法；第 3 章讲解了线稿的绘制技法；第 4 章讲解了马克笔的上色技法；第 5 章至第 7 章分别讲解了多种人物、植物和车辆的绘制方法；第 8 章至第 10 章分别讲解了别墅、写字楼和教学楼三个案例的上色技法。

　　本书马克笔表现图绘画步骤详细，所有表现图的线稿过程和上色过程，全部使用相机逐步拍摄下来，使读者直观地看到所有马克笔表现图的全部绘画过程。

　　本书详细分步骤讲解马克笔表现图的绘画过程，犹如读者参加了马克笔表现图的学习班一样，切身实际地体验到马克笔现图的制作全部过程，即使是零基础的读者，只要按照书中的步骤进行绘画，也可以绘画出和图例相近效果的马克笔表现图来。

作　者

2012 年 8 月

目 录

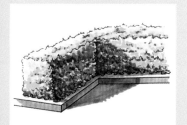

第1章 工 具 介 绍

马克笔绘画中所使用的各种工具和材料，其品质高低，对马克笔绘画效果的影响很大。使用不同工具和材料绘画出的画面，效果大不相同，即使绘画方法和步骤与本书一致，画面的效果也会与本书案例有一定的差距。因此，读者使用的工具和材料最好与本书所介绍的一致，这样才能保证马克笔绘画的最终效果与本书案例效果相同。

下面将对马克笔绘画所使用的工具进行详细的介绍。

1.1　绘图纸

如图1-1，在马克笔绘画中使用到的纸张有两种，一种是草图纸，另一种是白卡纸。

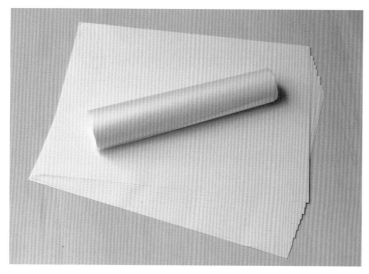

图1-1　绘图纸

草图纸又叫做拷贝纸，用来绘画设计草图和修改设计草图，把以前的方案中需要保留的部分描绘下来，再修改其他部分，既可以节约时间又适合方案的反复修改。本书案例所选用的草图纸为"德国红环"品牌，这种草图纸表面平整光滑，笔触流畅清晰不渗透；纸质柔韧，耐折抗拉，不宜断开，不宜破裂；透明性非常强，适合多层覆盖使用。

白卡纸用来绘画马克笔的成图，本书案例全部选用250克的肯特纸来绘画。这种较厚的肯特纸纸张光滑，好着墨，色彩不会晕开，可以绘画出利落的线条，上色的时候不会出现模糊的画面效果。肯特纸纸张颜色偏黄，不像普通纸成亮白色，在长时间绘画中能够起到保护眼睛的作用。

1.2 绘图笔

马克笔绘画中会使用到针管笔、铅笔、橡皮和马克笔等绘图笔。

1.2.1 针管笔、铅笔和橡皮

针管笔又称绘图墨水笔，是专门用于绘制墨线线条的工具。本书案例使用的是日本 Copic Multiliner SP 针管笔，来绘画设计图的线条。这种针管笔线条流畅，墨水具有防水性，在画面上色的时候，线条不会被马克笔晕开，避免轮廓线模糊不清。在绘制本书案例的时候，我们选用了 0.1mm、0.2mm 和 0.3mm 三种不同规格的针管笔（图 1-2）。

本书案例使用 2B 铅笔绘制设计草图，使用柔软好用的专业绘图橡皮，如图 1-2。

使用针管笔绘制线稿的时候要轻柔，针管笔的笔尖非常细，如果过于用力，就会使笔尖缩回去，导致无法使用，这种情况时有发生。因此我们使用可以替换笔尖的针管笔，如果出现问题就可以直接替换一个新的笔尖，继续使用。

如图 1-3 左图，可以将缩回去的笔尖直接拉下来，然后将新的笔尖插上，针管笔就可以继续使用了。

如图 1-3 中右边为马克笔的墨水，本书所使用的马克笔不是一次性的，而是可以反复添加墨水来继续使用的。

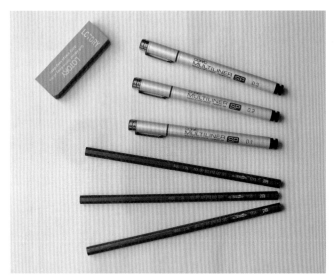

图 1-2　针管笔、铅笔和橡皮

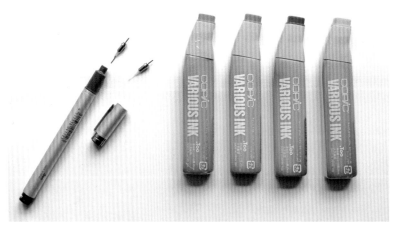

图 1-3　替换笔尖和墨水

1.2.2 马克笔

马克笔能迅速地表达设计效果，是当前设计行业中不可缺少的绘图工具之一，一般分为油性马克笔、水性马克笔和酒精性马克笔三种。本书案例使用的是日本 COPIC 酒精性马克笔，这种马克笔颜色柔和、透明、自由混色效果非常好，其墨水是酒精性的，因此，颜色可以速干。这种马克笔具有双头笔尖，分别为硬头和软头，硬头可以用来绘画不同的笔触效果，比如材质纹理等；软头在绘画大面积颜色时，比如天空、地面等，画面上看不到生硬的笔触衔接，绘画出的颜色透明柔和，过渡效果自然清新，写实效果极佳。

日本 COPIC 马克笔，具有世界顶级马克笔所具有的颜色自然、快干、混色效果好等特点，在日本、意大利等欧洲国家的设计行业里被广泛使用。这种马克笔与其他廉价马克笔在绘画效果上有着明显的区别，廉价马克笔的颜色过于艳丽和厚重，尤其在混色后画面会变脏变黑，影响效果。而且廉价马克笔的笔尖只有硬头的粗细之分，在绘画大面积颜色时，比如天空、地面等，大量生硬的笔触影响了画面的效果。

如图 1-4 为灰色系马克笔，用来绘画地面，建筑墙体和石头等。其中左侧四支为冷灰色系马克笔，用来绘画背阴部分；右侧四支为暖灰色系马克笔，用来绘画太阳光照射到的部分。

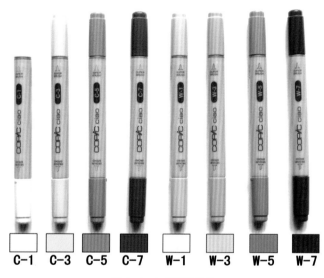

图 1-4　灰色系马克笔

如图 1-5 为蓝色系马克笔，用来绘画天空、水面和建筑玻璃等。

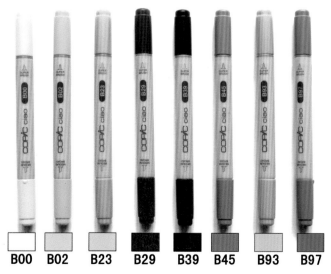

图 1-5　蓝色系马克笔

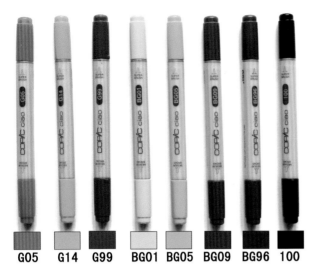

G05 G14 G99 BG01 BG05 BG09 BG96 100

图 1-6 绿色系和蓝绿色系马克笔

如图 1-6 为绿色系马克笔、蓝绿色系马克笔和黑色马克笔,用来绘画植物叶子、水面和建筑玻璃等。

如图 1-7 为黄绿色系马克笔,用来绘画植物叶子、树干和草地等。

如图 1-8 为黄色系马克笔和棕色系马克笔,用来绘画人物、树干、建筑墙体和石头等。

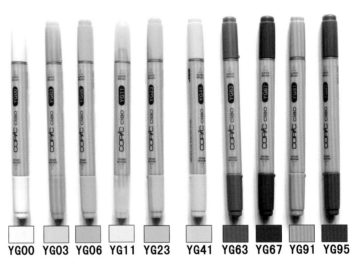

YG00 YG03 YG06 YG11 YG23 YG41 YG63 YG67 YG91 YG95

图 1-7 黄绿色系马克笔

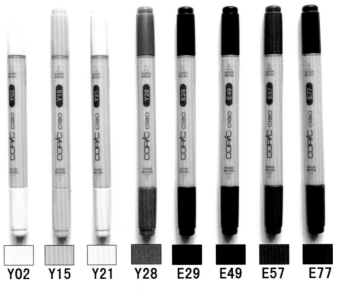

Y02 Y15 Y21 Y28 E29 E49 E57 E77

图 1-8 黄色系和棕色系马克笔

如图 1-9 为肉色系马克笔，用来绘画人物皮肤和服饰等。

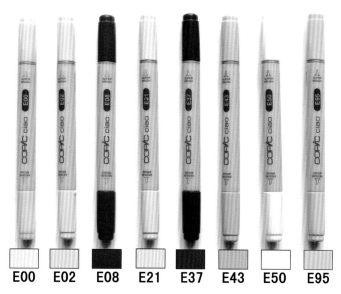

图 1-9 肉色系马克笔

如图 1-10 为暖色系马克笔，包括各种红色和紫色等，用来绘画人物的服饰和花朵等。

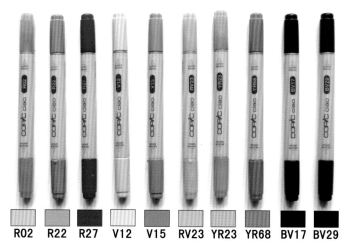

图 1-10 暖色系马克笔

1.3 尺子和圆规

丁字尺、三角板和圆规，是绘图过程中不可缺少的重要工具，如图 1-11。

1.3.1 丁字尺

丁字尺，又称 T 形尺，为一端有横档的"丁"字形直尺，由互相垂直的尺头和尺身构成，一般采用透明有机玻璃制作，常在工程设计上绘制图纸时配合绘图板使用。丁字尺为画水平线和配合三角板作图的工具，一般可

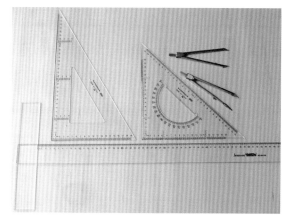

图 1-11 丁字尺、三角板和圆规

直接用于画平行线或用作三角板的支承物来画与直尺成各种角度的直线。一般有 600mm，1000mm、1200mm 三种规格。

如图 1-12，丁字尺的正确使用方法：

（1）将丁字尺尺头放在图板的左侧，与边缘紧贴，可上下滑动使用。

（2）在丁字尺尺身上侧从左向右画水平线。

（3）绘制同一张图纸时，丁字尺尺头不得在图板其他各边滑动，也不能用来绘画垂直线。

（4）过长的斜线可用丁字尺来画。

（5）较长的直平行线组也可用具有可调节尺头的丁字尺来绘画。

（6）应保持工作边平直、刻度清晰准确、尺头与尺身连接牢固，不能用工作边来裁切图纸。

（7）丁字尺放置时宜悬挂，以保证丁字尺尺身的平直。

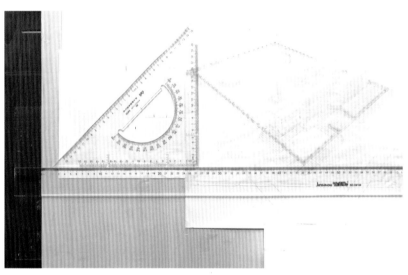

图 1-12　丁字尺的使用方法

1.3.2　三角板

在当前设计行业中，三角板是主要的绘图工具之一。每副三角板由两个特殊的直角三角形组成。一个是等腰直角三角板，两个锐角都是 45°。另一个是特殊角的直角三角板，两个锐角分别是 30° 和 60°。

三角板的正确使用方法：

（1）将一块三角板和丁字尺配合，按照从下向上的顺序，可画出一系列的垂直线。

（2）将一块三角板和丁字尺配合，按照从左向右的顺序，可以画出 30°、45°、60° 的角。

（3）用两块三角板与丁字尺配合还可以画出 15°、75° 的斜线，要按照从左向右的原则绘制斜线。

1.3.3　圆规

圆规是用来画圆及圆弧的工具。使用时要注意：

（1）圆规两脚之间的高度要一样。

（2）画圆的过程中圆规要稍微倾斜 30° 左右，使画出的圆的线条流畅。

（3）画圆的过程中带有针的一端（即圆心）不能移动。

（4）画圆的过程中两脚距离（即半径）不能改变。

1.4 拷贝台

拷贝台又叫透写台，可以用来将设计草稿描绘为成稿。

如图 1-13，本书案例使用的是樱木品牌的 LED 超薄拷贝台，这种拷贝台采用了液晶显示器的背光技术生产而成，光匀度非常好，LED 绿色节能光源没有频闪现象，可以起到保护眼睛的作用。面板采用了硬度和透光度都极佳的强化安全光学玻璃，耐划、耐老化、寿命长、超薄轻便、长时间使用面板不会发热出现烫手等状况。

将绘制好的草图放在拷贝台上，用透明胶带固定住，然后在上面覆盖一张肯特纸，将拷贝台连接电源后开启。如图 1-14，在肯特纸上可以很清晰地看到绘制好的草图，接下来就可以使用针管笔来绘制线稿图了。

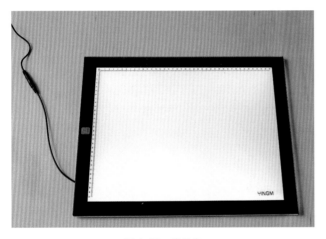

图 1-13 拷贝台

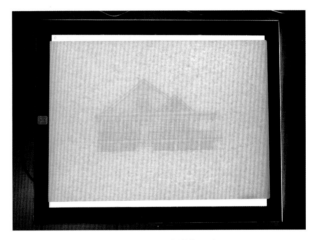

图 1-14 使用中的拷贝台

1.5 水彩工具

马克笔适合绘画面积较小的局部天空，如果用来绘画大面积的天空，其笔触痕迹会比较明显，颜色过渡也会有些生硬，对画面效果会有一定的影响。因此，绘画大面积天空的时候，我们会选用水彩颜料来绘画，水彩颜料水润通透，可以与马克笔很好地结合。肯特纸纸张较厚，吸水性很强，完全可以使用水彩颜料进行上色。

如图 1-15，羊毫平头画笔，笔刷较为柔软，颜料吸附性好，吸水量较大，适合用来绘画大面积的天空和水面。从上向下依次为 11 号画笔、9 号画笔、7 号画笔、5 号画笔、3 号画笔和 1 号画笔。

如图 1-16，我们来介绍一些适合绘画天空和水面的蓝色水彩颜料，从左向右依次为天蓝色、湖蓝色、酞菁蓝色、群青色、钴蓝色、普蓝色和青莲色。

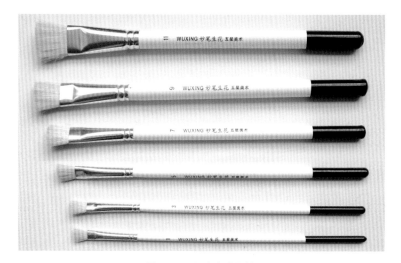

图 1-15　平头水彩画笔

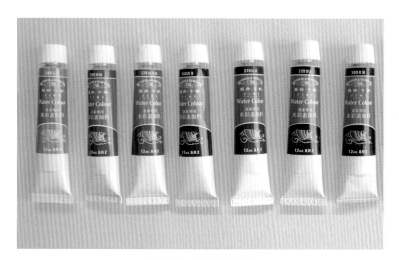

图 1-16　蓝色水彩颜料

第 2 章　建筑透视学

2.1　透视原理

透视：是指把我们所观察到的立体空间物体表现在平面上，并具有立体的真实感。如图 2-1，将眼睛（视点）所看到的三棵树，在画面中以透视形式绘画出来。

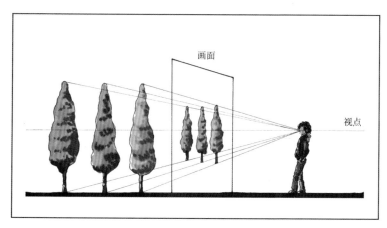

图 2-1　透视原理

近大远小是透视的规律之一，两个相同体积的物体，放置的位置不同，距离我们近的物体在画面中表现得大，距离我们远的物体在画面中表现得小，如图 2-2。

图 2-2　近大远小

2.2 一点透视

只有一个灭点的透视图，称为一点透视，也称作平行透视。一点透视多用于表现对称、庄重、严肃的大场景和开阔空间，在建筑方案中，用来表现街景效果。

2.2.1 一点透视中名词的基础解释和用途

基线：自定义的一条水平线。

视高：就是人眼的高度。

灭点：在基线的中点向上量出视高的点。

人视点：人眼所在的位置。

视平线：与基线平行，且通过灭点的那条水平线。

视线：从人视点到灭点的距离为视线。

视点1和视点2：在视平线上从灭点向左右分别量出视线的距离，灭点左侧的点为视点1，灭点右侧的点为视点2。

2.2.2 一点透视的规律

（1）与视平线平行的线，会有近大远小的变化。

（2）与视平线垂直的线，也会有近大远小的变化。

（3）视平线以上的物体，距离人视点越远与视平线之间的距离越小；视平线以下的物体，距离人视点越远与视平线之间的距离越大。

（4）一点透视中所有物体，距离灭点越近物体越小。

2.2.3 一点透视的制图原理

（1）如图2-3，我们以两个方形物体为例来讲解一点透视的作图步骤。

绘制透视图之前，先要在顶视图上确定人视点的位置和灭点的位置。

（2）如图2-4，按照图纸的尺寸以合适的比例，在基线上绘制出两个方形物体的正立面图。一般我们的常用比例为：1：200，1：100，1：50等。

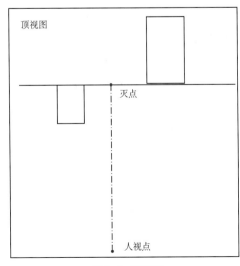

图 2-3 顶视图

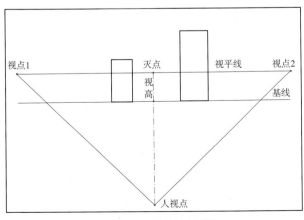

图 2-4 绘制正立面图

（3）如图2-5，从灭点分别向两个方形物体的各个顶点连接透视线。

（4）如图2-6，绘制基线前面的物体时，从物体落在基线上的任意端点，向视点方向量出物体的厚度尺寸为A和1的距离，如图中左边的方形物体所示。绘制基线后面的物体时，从物体落在基线上的任意端点，向灭点方向量出物体的厚度尺寸为A和1的距离，如图中右边的方形物体所示。

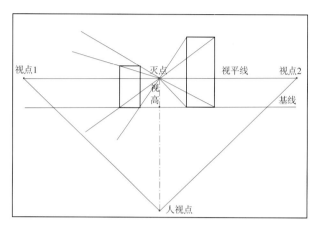

图2-5　从灭点连接透视线

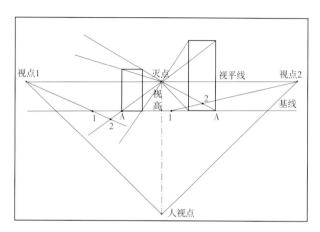

图2-6　通过量方形物体厚度得出透视点

以灭点和人视点的连线为分界线，分界线左边的1点与视点1连接，延长线与A点和灭点连线的延长线相交的点为2点。分界线右边的1点与视点2的连接线与A点和灭点连线相交的点为2点。

（5）如图2-7，2点是方形物体A点的透视点，从2点向上绘制出垂直线与B点和灭点连接的透视线相交，得出4点，即为B点的透视点，A、B、4、2四个点所形成的面为方形物体的侧面，也是这个方形物体在透视图中的厚度。从2点绘制出水平线与D点和灭点连接的透视线相交，得出3点，即为D点的透视点。

（6）如图2-8，从3点向上绘制垂直线，与4点的水平线相交，得出5点。5点在灭点与C点的连接的透视线上，如果该点不在透视线上，说明前面绘制的水平线或垂直线不够标准出现倾斜角度，需要重新矫正。

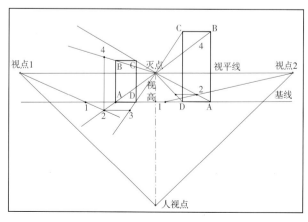

图2-7　通过垂直线和水平线得出透视点

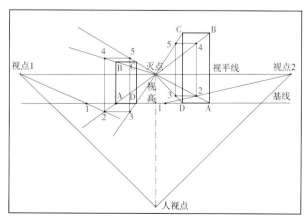

图2-8　通过垂直线和水平线得出透视点

（7）如图2-9，使用针管笔绘制出四个透视点之间的连线，以及四个透视点与方形物体四个对应顶点之间的连线。

（8）如图2-10，将绘制好的草图放置在拷贝台上，上面覆盖一张肯特纸，将方形物体的外轮廓线描绘下来，线稿图也就绘制完成了。

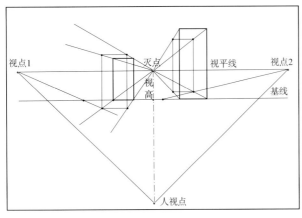

图2-9　用针管笔绘制出方形物体

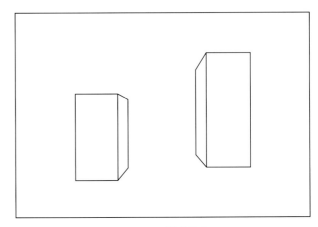

图2-10　描绘线稿图

2.2.4　建筑案例的一点透视制图步骤

（1）如图2-11，按照1∶100的比例在A3纸上绘制出平面图。绘制透视图之前，先要在平面图上确定人视点的位置和灭点的位置，并连接出视线。视线或视线的延长线交到的墙面所形成的夹角等于90°时，使用一点透视的方法来绘制透视图。

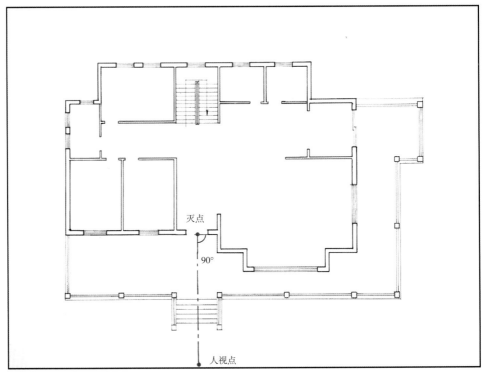

图2-11　绘制平面图

（2）如图2-12，对应平面图的尺寸设计并绘制出立面图。

图 2-12　设计立面图

（3）如图 2-13，在立面图上叠加一张草图纸，开始绘制透视图。在墙面上设定出视平线和基线，视高为 1.2m。然后设定出灭点和人视点，距离为 20m，分别在灭点的左右两侧 20m 处设定出视点 1 和视点 2。

透视图要按照顺序来绘制，先来绘制整体然后再绘制细节。以立面图为标准，绘制出墙体、柱子和屋檐的透视线。

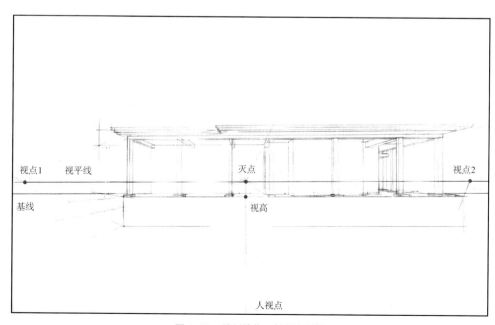

图 2-13　绘制墙体、柱子和屋檐

（4）如图 2-14，以立面图为标准绘制出二层墙体、窗框和屋檐。

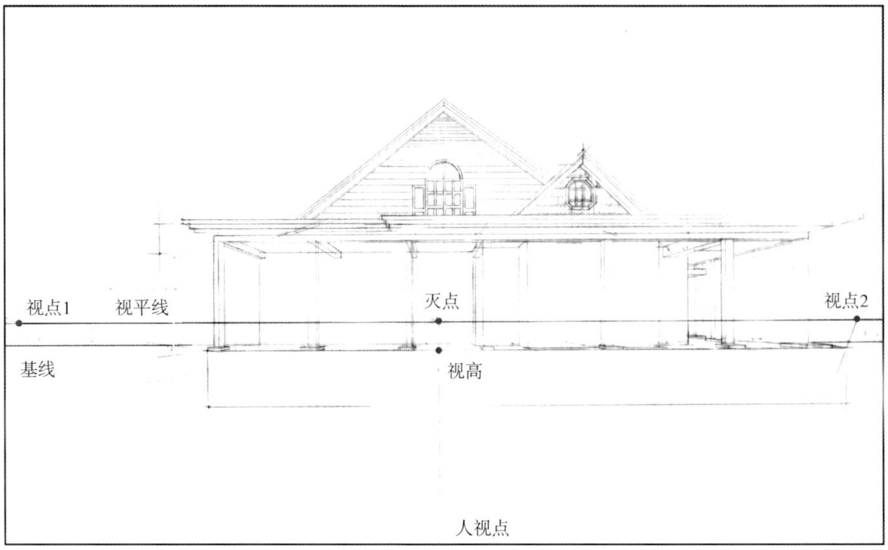

图 2-14 绘制二层墙体、窗框和屋檐

（5）如图 2-15，以立面图为标准绘制出台阶的透视线。

绘制的时候要注意：①在透视图和立面图之间插入一张白纸，用来遮挡立面图，避免立面图上的线框影响透视图量取点或连线；②台阶要从上向下来绘制，每绘制好一个台阶，就要将辅助线清除掉，避免影响到绘制下一个台阶；③量取厚度的时候一定要准确。

图 2-15 绘制台阶

（6）如图 2-16，以立面图为标准，绘制出台阶左右两侧的柱子和下面墙体的洞口透视线。

（7）如图 2-17，以立面图为标准，描绘出左侧墙体上的分隔线和门窗框。因为这张透视图是以这面墙为基线向前进行透视，所以这面墙上的物体可以直接从立面图上描绘出来即可。

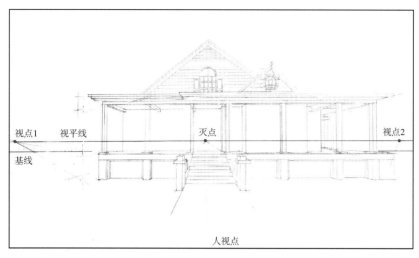

图 2-16　绘制下面墙体洞口透视线

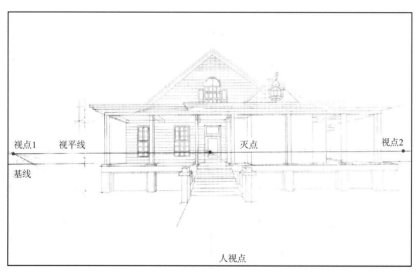

图 2-17　描绘左侧墙体上的分隔线和门窗框

（8）如图 2-18，以立面图为标准，按照平面图的尺寸来绘制出右侧墙体上分隔线和窗框的透视线。

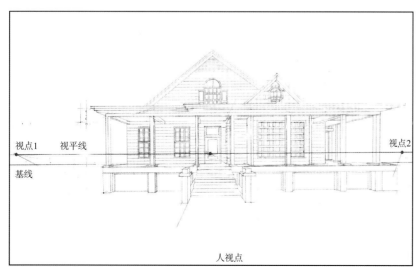

图 2-18　绘制右侧墙体上的分隔线和门窗框

（9）如图 2-19，在透视图上面叠加一张新的草图纸，用来绘制栏杆的透视线。绘制透视图时，需要量取大量的点和绘制大量的辅助线，很容易将已经绘制好的图面弄脏。因此，可以将不同的内容绘制在不同的草图纸上，如绘制建筑部分时，可以将楼梯、墙体和阴影分别绘制在不同的草图纸上。绘制周围环境部分时，可以将车、树和人分别绘制在不同的草图纸上。最后将所有绘画好的草图叠在一起来描绘出成图就可以了。这样，既能够保证画面的干净整洁，又方便内容的修改。

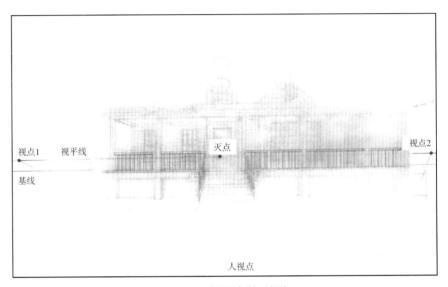

图 2-19　绘制栏杆的透视线

（10）以立面图为标准，绘制出下面墙体洞口格栅的透视线。这些格栅的透视线也要绘制在第二张草图纸上，然后我们将两张草图纸叠加在一起，如图 2-20，这张透视图的建筑部分我们就绘制好了。

图 2-20　绘制格栅的透视线

2.2.5　描绘线稿图

（1）在绘制好的建筑透视图表面覆盖一张草图纸，简单勾画出建筑周围环境和植物的定位轮廓线。

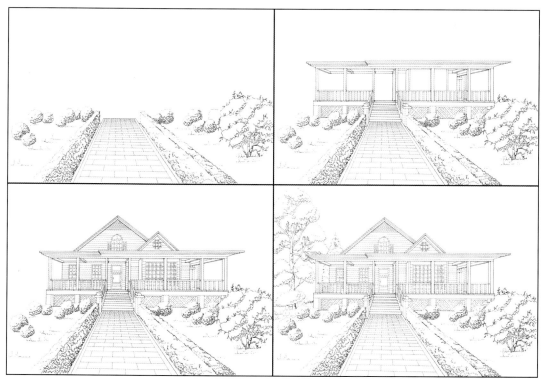

图 2-21　描绘线稿图步骤

（2）如图 2-21，描绘线稿图时要按照从近到远的顺序来描绘，首先将绘制有周围环境和植物的草图纸固定在透图台上，覆盖一张肯特纸，使用 0.3mm 的针管笔来描绘近处的环境和植物。

（3）将绘制有建筑的草图纸固定在透图台上，来描绘近处的建筑，使用 0.3mm 的针管笔来描绘建筑的轮廓线，使用 0.2mm 和 0.1mm 的针管笔来描绘建筑的细节线。

（4）将剩余的建筑全部描绘出来，同样使用 0.2mm 的针管笔来描绘建筑的轮廓线，使用 0.1mm 的针管笔来描绘建筑的细节线。

（5）再次将绘制有周围环境和植物的草图纸固定在透图台上，使用 0.2mm 和 0.1mm 的针管笔来绘制建筑后面的植物。

（6）描绘好的一点透视线稿图，如图 2-22。

图 2-22　完成一点透视线稿图

2.3 两点透视

有两个灭点的透视图，称为两点透视，也称作成角透视。两点透视以灵活的视角来观察建筑的不同角度，是建筑方案中不可缺少的透视角度之一。

2.3.1 两点透视中名词的基础解释和用途

基线：自定义的一条水平线。

视高：就是人眼的高度。

目标点：从基线向上量出视高的点。

人视点：人眼所在的位置。

视平线：与基线平行，且通过目标点的那条水平线。

视线：从人视点到目标点的距离为视线。

灭点1和灭点2：视平线上有两个灭点，在目标点左侧的为灭点1，在目标点右侧的为灭点2。灭点1和灭点2在人视点上的夹角的大小决定两个灭点在视平线上的位置。

测点1和测点2：测点1配合灭点1使用，测点2配合灭点2使用。在视平线上，从灭点1向右量取灭点1到人视点的距离为测点1；从灭点2向左量取灭点2到人视点的距离为测点2。

2.3.2 两点透视的规律

（1）与视平线垂直的线，会有近大远小的变化。

（2）两点透视中所有物体，距离灭点越近物体越小。

2.3.3 两点透视的制图原理

（1）如图2-23，我们以两个方形物体为例来讲解两点透视的作图步骤。

两点透视图中，所有物体都要绘制在视平线以后，因此绘制透视图之前，先要在顶视图上确定视平线的位置，视平线与两个方形物体的顶点相交。然后在视平线上定出目标点的位置，从目标点向下绘制出与视平线垂直的视线，在视线上定出人视点的位置。

在人视点上设定出灭点1和灭点2的夹角大小，夹角的大小要适中。

（2）如图2-24，按照图纸的尺寸以合适的比例，绘制出视平线和基线，并确定目标点和人视点的位置。按照顶视图中设定好的夹角大小，在视平线上定出灭点1和灭点2。并且从灭点1向右量取灭点1到人视点的距离设定为测点1，从灭点2向左量取灭点2到人视点的距离设定为测点2。在基线上绘制出两个方形物体的边线。一般我们的常用比例为1：200、1：100、1：50等。

（3）如图2-25，分别从1点和2点向左右两侧的灭点1和灭点2连线。

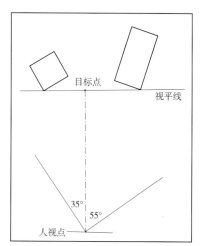

图2-23 顶视图

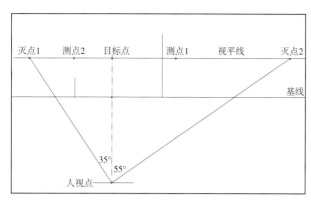

图 2-24 绘制两个方形物体的边线

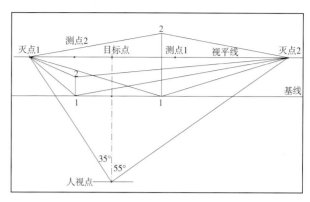

图 2-25 向灭点连线

（4）如图 2-26，在基线上从 1 点向左侧量取方形物体左侧边线的长度得出 3 点，从 1 点向右侧量取方形物体右侧边线的长度得出 4 点。将 3 点和测点 1 连线与 1 点和灭点 1 的连线相交，得出 5 点。将 4 点和测点 2 连线与 1 点和灭点 2 的连线，相交得出 6 点。

（5）如图 2-27，从 5 点向上做垂直线与 2 点和灭点 1 连线相交得出 7 点，从 6 点向上做垂直线，与 2 点和灭点 2 连线相交得出 8 点。

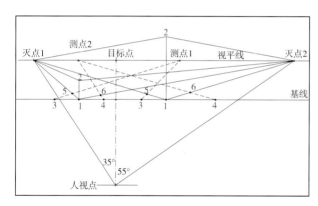

图 2-26 绘制出方形物体左右边线的交点

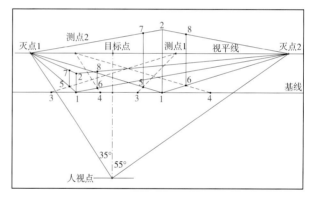

图 2-27 绘制出方形物体左右边线

（6）如图 2-28，从 5 点和灭点 2 连线与 6 点和灭点 1 连线相交得出 9 点，从 7 点和灭点 2 连线与 8 点和灭点 1 连线相交得出 10 点。

（7）如图 2-29，从 9 点向 10 点连线，然后使用 0.3mm 的针管笔将方形物体的所有透视边线全部绘制出来。

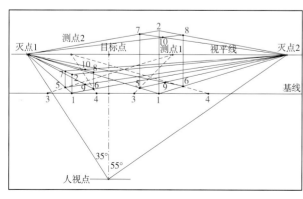

图 2-28 连接透视线

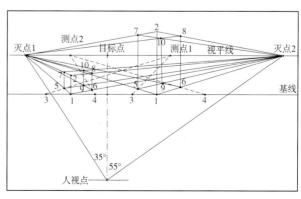

图 2-29 连接垂直线

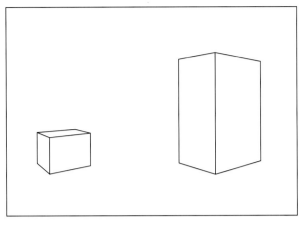

图 2-30　描绘线稿图

（8）如图 2-30，将绘制好的草图放置在拷贝台上，上面覆盖一张肯特纸，将两个方形物体的外轮廓线描绘下来，线稿图也就绘制完成了。

2.3.4　建筑案例的两点透视制图步骤

（1）如图 2-31，按照 1 ∶ 100 的比例在 A3 纸上绘制出平面图（红色线为辅助线）。绘制透视图之前，先要在平面图上确定人视点的位置和目标点的位置，并连接出视线。视线或视线的延长线交到的墙面所形成的夹角不等于 90° 时，使用两点透视的方法来绘制透视图。

设定视线的长度为 15m，人视点与灭点 1 的夹角为 55°，设定人视点与灭点 2 的夹角为 65°。

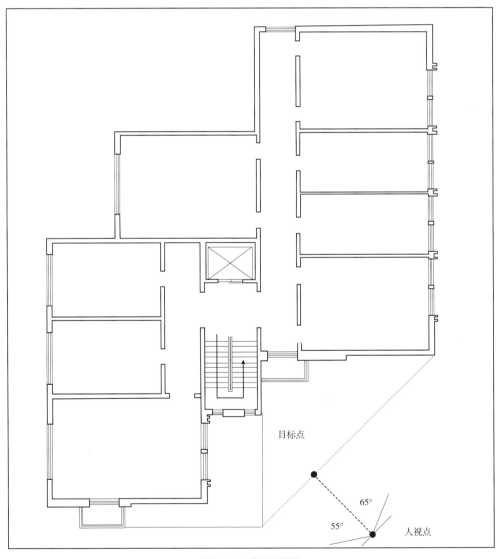

图 2-31　绘制平面图

（2）如图 2-32，按照 1 ∶ 60 的比例，在 A3 纸上绘制出立面图。只需要绘画出人视点左右两侧的立面图就可以了。

图 2-32　设计并绘制立面图

（3）如图 2-33，参考立面图的尺寸开始绘制透视图。在画面上设定出视平线和基线，视高为 3m。然后按照平面图中设定好的夹角大小定出灭点 1 和灭点 2，并按照灭点到人视点的距离在视平线上定出测点 1 和测点 2。

透视图要按照顺序来绘制，先来绘制整体然后再绘制细节。以立面图为标准，先绘制出墙体轮廓的透视线。

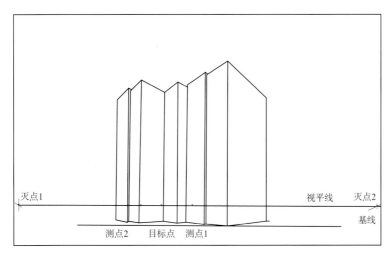

图 2-33　绘制墙体轮廓线

（4）如图 2-34，以立面图为标准，我们从右向左来绘制每面墙体上的细节部分的透视线，包括墙体洞口、窗和装饰线等细节部分。

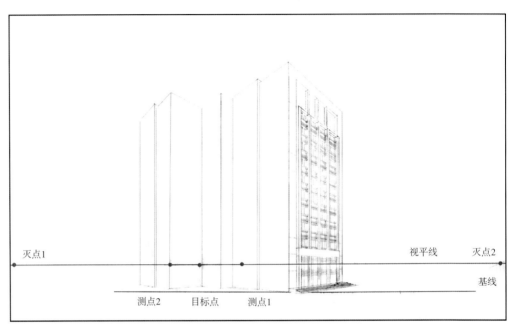

图 2-34　绘制右侧墙体上的细节部分的透视线

（5）如图 2-35，左侧墙体共有三个转折面，我们来绘制第一个转折面上窗洞口、阳台板和台阶的透视线。

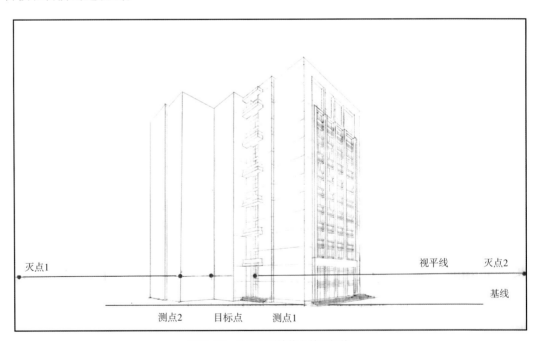

图 2-35　绘制左侧墙体上的透视线

（6）如图 2-36，以立面图为标准，我们来绘制左侧中间墙体上的窗洞口和局部凸出墙体的透视线。

（7）如图 2-37，以立面图为标准，我们来绘制右侧第二面墙体上的窗洞口和装饰线的透视线。

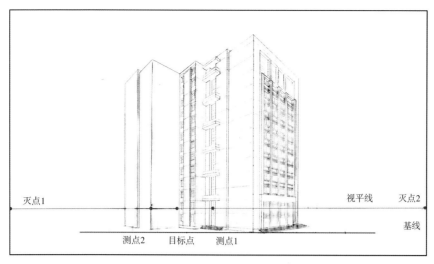

图 2-36 绘制左侧中间墙体上的透视线

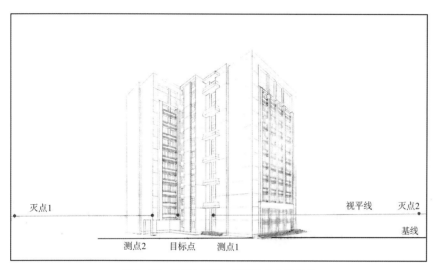

图 2-37 绘制右侧第二面墙体上的透视线

（8）如图 2-38，以立面图为标准，将最后一面墙体上的窗洞口和阳台板的透视线绘制出来。

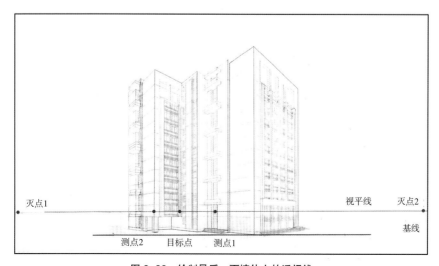

图 2-38 绘制最后一面墙体上的透视线

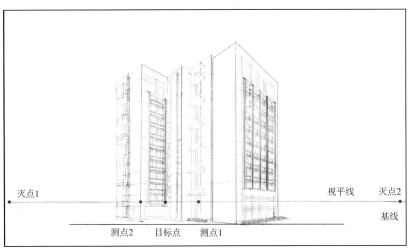

图 2-39　完成透视图的建筑部分

（9）如图 2-39，以立面图为标准，再增加一些装饰线的细节部分，这张透视图的建筑部分我们就绘制好了。

2.3.5　描绘线稿图

（1）在绘制好的建筑透视图表面覆盖一张草图纸，简单勾画出建筑周围环境和植物的定位轮廓线。

（2）如图 2-40，描绘线稿图时要按照从近到远的顺序来描绘，首先将绘制有周围环境和植物的草图纸固定在透图台上，覆盖一张肯特纸，使用 0.2mm 和 0.3mm 的针管笔来描绘近处的环境和植物。 使用 0.2mm 和 0.1mm 的针管笔来描绘人物。使用 0.1mm 的针管笔来描绘建筑左右两侧的远处植物。

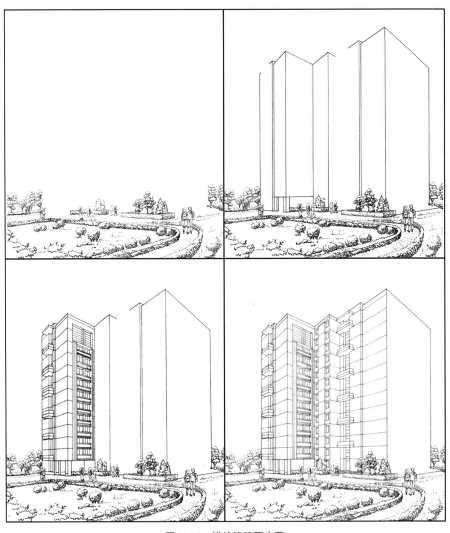

图 2-40　描绘线稿图步骤

（3）将绘制有建筑的草图纸固定在透图台上，开始描绘建筑，使用 0.3mm 的针管笔来描绘建筑的轮廓线。

（4）然后使用 0.2mm 的针管笔来描绘门窗洞口的轮廓线，使用 0.1mm 的针管笔来描绘建筑的细节线。

（5）描绘好的两点透视线稿图如图 2-41。

图 2-41　完成两点透视线稿图

2.4　俯视透视（鸟瞰图）

视线向下倾斜的透视图为俯视图，也叫做俯视透视，包括平行俯视、成角俯视和垂直俯视。平行俯视多用于表现景观设计图，垂直俯视则用来表现总平面图。本节中讲解的俯视透视为成角俯视，成角俯视适合表现建筑鸟瞰图。

2.4.1　俯视透视中名词的基础解释和用途

人视点：人眼所在的位置。

视平线：自定义的一条水平线。

地平线：与视平线平行的一条水平线。

目标点：从人视点向视平线连接垂直线，与视平线相交的点为目标点。

天点：在人视点与目标点的延长线上，且通过地平线的点。

视点 1：目标点到人视点的距离等于目标点到视点 1 的距离。

视点 2：天点到视点 1 的距离等于天点到视点 2 的距离。

灭点 1 和灭点 2：地平线上有两个灭点，在天点左侧的为灭点 1，在天点右侧的为灭点 2。灭点 1 和灭点 2 在视点 2 上的夹角的大小决定两个灭点在地平线上的位置。

灭点 3：人视点和目标点之间的垂直线上的一个灭点。在视点 1 上的夹角的大小决定灭点 3 在垂直线上的位置。

测点 1 和测点 2：测点 1 配合灭点 1 使用，测点 2 配合灭点 2 使用。在地平线上，从灭点 1 向右量取灭点 1 到视点 2 的距离为测点 1；从灭点 2 向左量取灭点 2 到视点 2 的距离为测点 2。

测点 3：测点 3 配合灭点 3 使用，通过灭点 3 绘制一条水平线，在这条水平线上，从灭点 3 向右量取灭点 3 到视点 1 的距离为测点 3。

水平测线：用来量取物体的实际尺寸。

2.4.2　俯视透视的制图原理

成角俯视的与前面所讲解过的两点透视的透视原理很相似，只是在两点透视的基础上增加了灭点 3 和测点 3，因此在绘制的时候会有很多相似之处。

我们以一个方形物体为例来讲解俯视透视的作图步骤，这个方形物体的具体尺寸为：长 45mm、宽 35mm、高 55mm。

（1）如图 2-42，在图纸上绘制出一条水平线命名为视平线，并确定人视点和目标点的位置。在水平线上，从目标点向右量取目标点到人视点的距离命名为视点 1。在视点 1 上量取俯视角度，这里我们设定为 55°，从视点 1 绘制夹角为 55° 的斜线与人视点到目标点的延长线相交，得出天点。通过天点绘制一条水平线命名为地平线。在天点与人视点这条垂直线上，从天点向下量取天点到视点 1 的距离，命名为视点 2。

（2）如图 2-43，设定出视点 2 的夹角大小，并在地平线上得出灭点 1 和灭点 2。从灭点 1 向右量取灭点 1 到视点 2 的距离得出测点 1，从灭点 2 向左量取灭点 2 到视点 2 的距离得出测点 2。

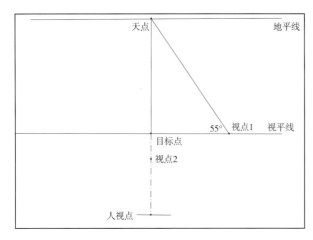

图 2-42　绘制视平线和地平线

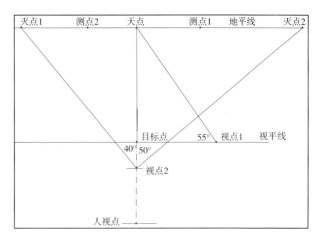

图 2-43　绘制灭点 1 和灭点 2

（3）如图 2-44，设定视点 1 的另外一个夹角为 35°，并从视点 1 绘制夹角为 35° 的斜线与人视点到目标点的连接线相交，得出灭点 3。通过灭点 3 绘制一条水平线，从灭点 3 向右量取灭点 3 到视点 1 的距离，命名为测点 3。

（4）如图 2-45，在视平线和地平线之间绘制一条水平线命名为水平测线，在水平测线上任取一点命名为 1 点。将 1 点分别与灭点 1、灭点 2 和灭点 3 连线。

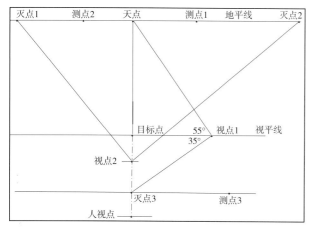

图 2-44 绘制灭点 3 和测点 3

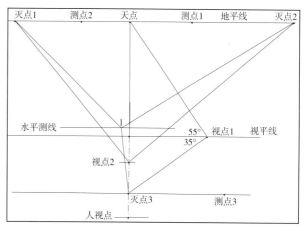

图 2-45 绘制水平测线和 1 点

（5）如图 2-46，在水平测线上，从 1 点向左侧量取长方形物体的宽度尺寸 35mm，得出 2 点，从 2 点向测点 1 连线与 1 点和灭点 1 连线相交得出 4 点。从 1 点向右侧量取长方形物体的长度尺寸 45mm，得出 3 点，从 3 点向测点 2 连线与 1 点和灭点 2 连线相交得出 5 点。

（6）如图 2-47，从 4 点分别向灭点 2 和灭点 3 连线，从 5 点分别向灭点 1 和灭点 3 连线。

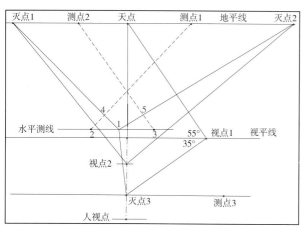

图 2-46 绘制透视点

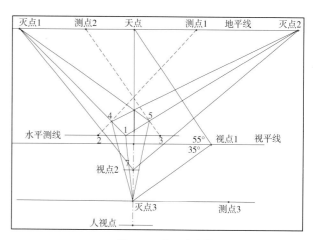

图 2-47 向灭点连线

（7）如图 2-48，在水平测线上，从 1 点向左侧量取长方形物体的高度尺寸 55mm，得出 6 点，从 6 点向测点 3 连线与 1 点和灭点 3 的连线相交得出 7 点，为高度上的透视点。

（8）如图 2-49，从 7 点向灭点 1 连线与 4 点和灭点 3 的连线相交得出 8 点，从 7 点向灭点 2 连线与 5 点和灭点 3 的连线相交得出 9 点。

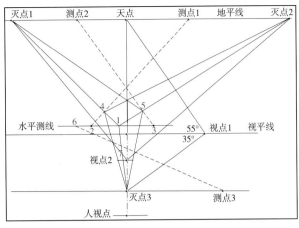

图 2-48　绘制高度透视点

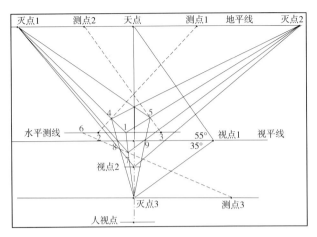

图 2-49　向灭点连线

（9）如图 2-50，从 8 点向灭点 2 连线与 9 点向灭点 1 连线相交得出 10 点。将 4 点和灭点 2 连线与 5 点和灭点 1 连线所得出的相交点命名为 11 点，从 11 点向 10 点连线，完成所有透视点。

（10）如图 2-51，使用 0.3mm 的针管笔将长方形物体的所有透视边线全部描绘出来。

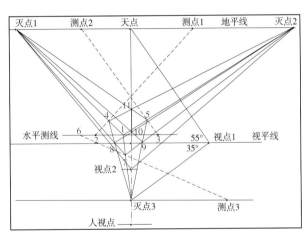

图 2-50　完成所有透视点

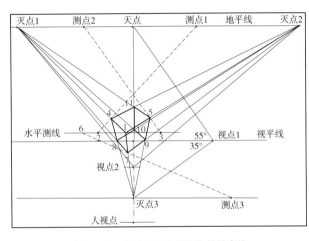

图 2-51　描绘出长方形物体的轮廓线

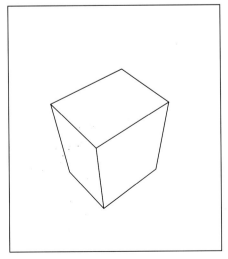

图 2-52　描绘线稿图

（11）如图 2-52，将绘制好的草图放置在拷贝台上，上面覆盖一张肯特纸，将长方形物体的外轮廓线描绘下来，线稿图也就绘制完成了。

2.4.3　建筑案例的俯视透视制图步骤

（1）如图 2-53，按照 1 ∶ 500 的比例在 A3 纸上绘制出总平面图。

人视点设置在总平面图的左下角，设置视点 2 与灭点 1 的夹角为 45°，视点 2 与灭点 2 的夹角为 45°。视点 1 与天点的夹角为 45°，视点 1 与灭点 3 的夹角为 45°。

（2）参考总平面图，按照 1 ∶ 300 的比例在 A3 纸上绘制出建筑的标准层平面，如图 2-54。

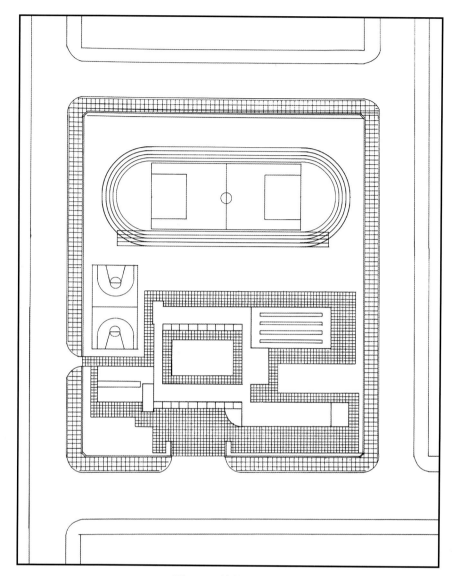

图 2-53 绘制总平面图

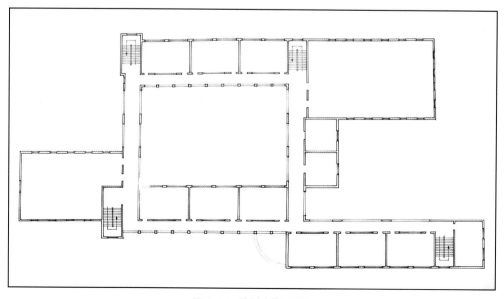

图 2-54 绘制建筑平面图

（3）按照平面图的尺寸，同时按照 1 ： 300 的比例在 A3 纸上绘制出建筑的立面图，如图 2-55。我们只需要绘制正立面图和左侧立面图就可以了。

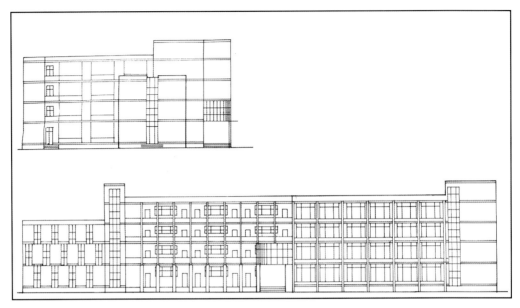

图 2-55 绘制建筑立面图

（4）参考总平面图、平面图和立面图开始绘制透视图。虽然我们是在 A3 纸上来绘制，但是需要准备一张更大的白纸，用来绘制我们所设置的视平线、地平线、水平测线、人视点、所有灭点和测点。

透视图要按照顺序来绘制，先来绘制整体然后再绘制细节。以总平面图为标准，先绘制出建筑的和周围的路面的定位轮廓线，如图 2-56。

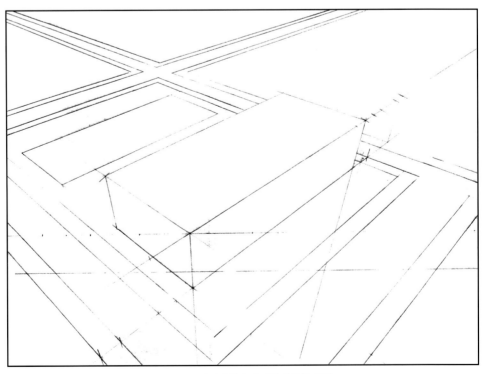

图 2-56 绘制建筑和路面的定位轮廓线

（5）如图 2-57，参考建筑平面图的尺寸绘制出建筑的精确轮廓透视线。

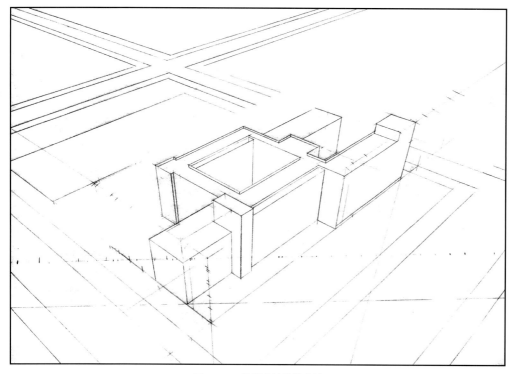

图 2-57　绘制建筑的轮廓线

（6）如图 2-58，绘制建筑细节的时候要有一定的顺序，这张两点透视图的案例我们要从建筑左侧向右侧来绘制，先来绘制左侧的建筑墙体的分隔线、玻璃和台阶等。

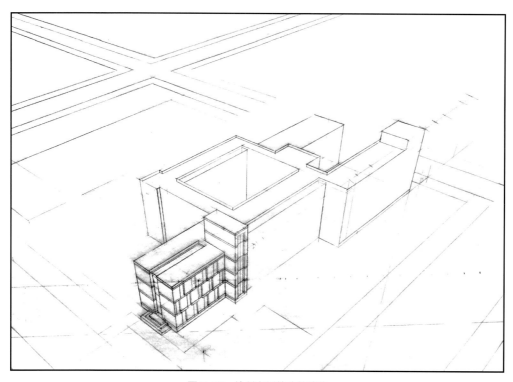

图 2-58　绘制左侧的建筑墙体

（7）如图2-59，参考平面图和立面图的尺寸绘制出中间建筑的正面的墙体细节，包括柱子、栏板和玻璃等。

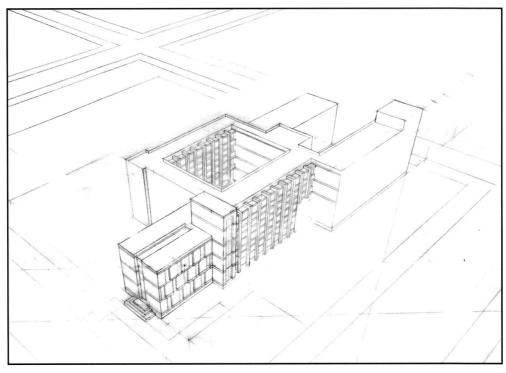

图 2-59　绘制中间建筑的正面墙体

（8）如图2-60，参考平面图和立面图的尺寸绘制出中间建筑的左侧的墙体细节，包括栏板、分隔缝和玻璃等。然后绘制出中间建筑的屋顶女儿墙。

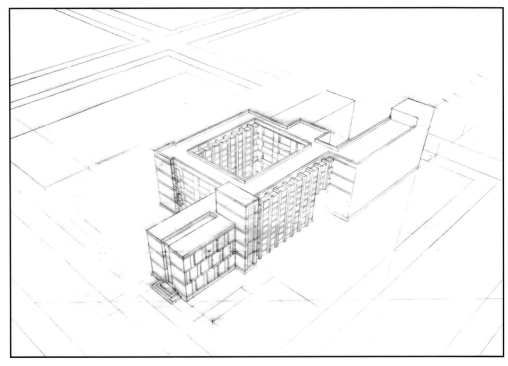

图 2-60　绘制正面的建筑墙体

（9）如图 2-61，右侧的建筑分为前后两个部分，参考平面图和立面图的尺寸先来绘画前面的建筑细节，包括扶墙柱、窗洞口以及屋顶的女儿墙等。

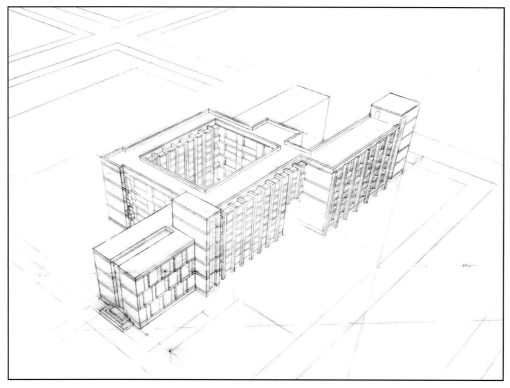

图 2-61　绘制右侧墙体

（10）如图 2-62，参考平面图和立面图的尺寸绘制出右侧后面的建筑细节，包括屋顶和窗洞口等。

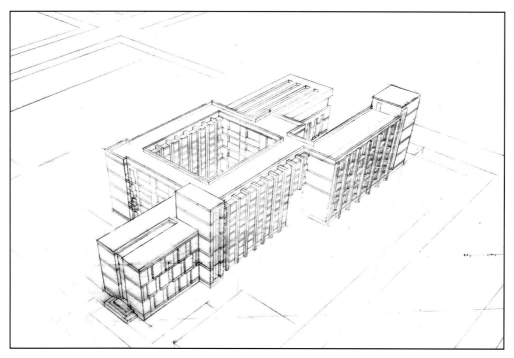

图 2-62　绘制右侧后面墙体的细节

（11）如图2-63，参考平面图和立面图的尺寸绘制出建筑的主入口细节，这样建筑的透视图就绘制好了。接下来参考总平面图来绘制出操场的细节，包括跑道、足球场地、篮球场地、围墙的定位轮廓线和地砖的轮廓线。

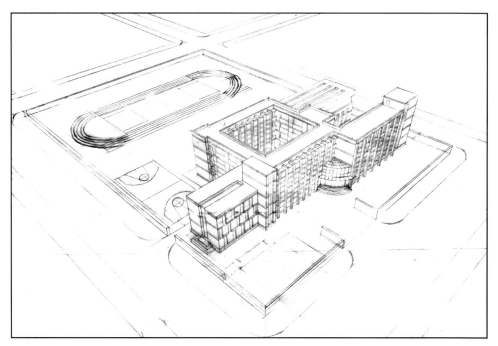

图 2-63　绘制操场的细节

（12）建筑和操场部分的透视都已经绘制好了，接下来要绘制周围的围墙，我们需要在新的草图纸上来绘制，这样可以避免将绘制好的图纸弄脏或是弄花，影响画面效果。

如图2-64，在绘制好的草图上在叠加一张新的草图纸，操场周围的围墙由柱子和栏杆两部分组成，都要在围墙的定位轮廓线范围内来绘制，参考总平面图我们先来绘制围墙的柱子。

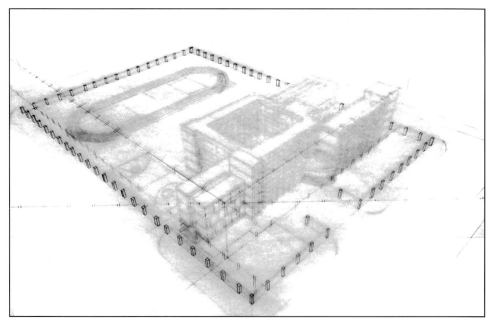

图 2-64　绘制围墙的柱子

（13）如图 2-65，在所有的柱子中间绘制出栏杆，这个工作量比较大需要有耐心地来绘制，这样才不容易出错。

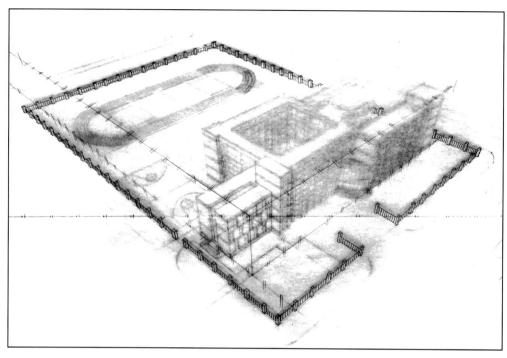

图 2-65　绘制围墙的栏杆

（14）如图 2-66，参考总平面图的尺寸和比例来绘制地砖的分隔缝，包括围墙内建筑周围的地砖和围墙外面的地砖。这样俯视透视中的建筑以及建筑周围的主体部分我们就绘制好了。

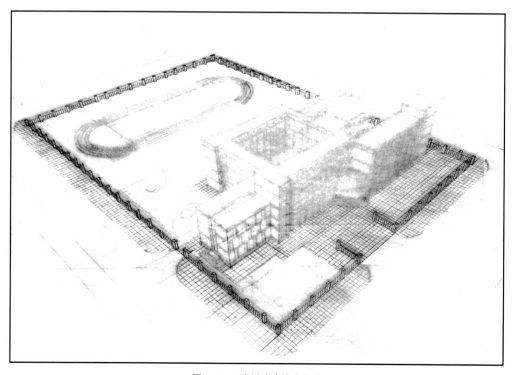

图 2-66　绘制地砖的分隔缝

2.4.4 描绘线稿图

（1）在绘制好的建筑透视图表面覆盖一张草图纸，简单勾画出建筑周围环境和植物的定位轮廓线。

（2）如图 2-67，描绘线稿图时要按照从近到远的顺序来描绘，首先将绘制有周围环境和植物的草图纸固定在透图台上，覆盖一张肯特纸，使用 0.1mm 的针管笔来描绘路面上的斑马线和行车线。

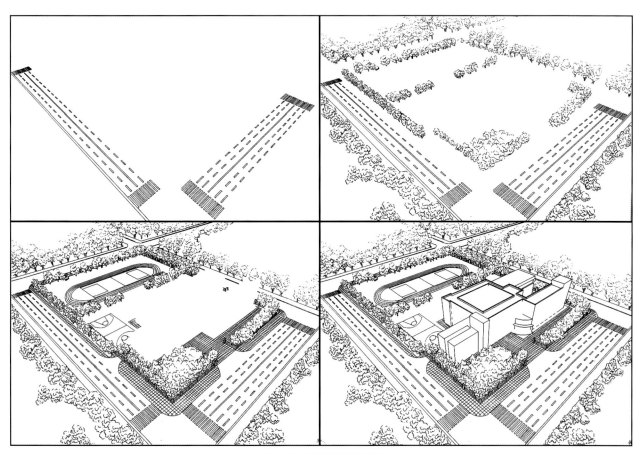

图 2-67　描绘线稿图步骤

（3）使用 0.1mm 的针管笔来描绘远处的植物，使用 0.3mm 的针管笔来描绘近处的植物。

（4）将绘制有跑道和篮球场地的草图纸固定在透图台上，使用 0.2mm 的针管笔来描绘操场内的跑道和篮球场地。

（5）然后将绘制有围墙柱子、栏杆和地砖分隔线的草图纸固定在透图台上，使用 0.1mm 的针管笔来描绘建筑周围的地砖分隔线和操场四周的围墙柱子、栏杆。

（6）接下来将绘制有建筑的草图纸固定在透图台上，使用 0.3mm 的针管笔来绘制建筑的轮廓线。

（7）最后，使用 0.2mm 的针管笔来描绘建筑上门窗洞口的轮廓线，使用 0.1mm 的针管笔来描绘建筑的细节线，描绘好的俯视透视线稿图如图 2-68。

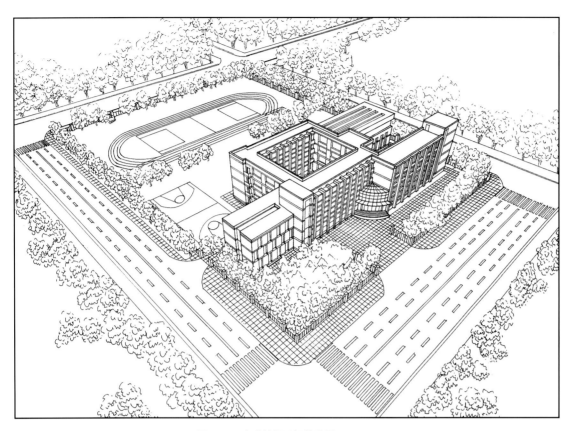

图 2-68 完成俯视透视线稿图

第3章 线稿的绘制技法

方案设计图中线稿的绘制要体现出远景、中景和近景三个空间，本书案例使用0.1mm、0.2mm和0.3mm三种规格的针管笔来绘制线稿。如图3-1，将三种规格的针管笔用三种颜色来表示，红色为0.3mm，绿色为0.2mm，黑色为0.1mm。

三种规格的针管笔的使用方法：

（1）0.1mm的针管笔用来绘画细线，如建筑物的窗框、建筑物的材质纹理；中景和近景中植物的树叶、车和人的细节部分、环境设施的细节部分；以及远景的所有环境。

（2）0.2mm的针管笔用来绘画中线，如建筑物的装饰线、建筑物的窗洞口、建筑物远处边缘的垂直线；中景和近景中植物的树枝、车和人的轮廓线、环境设施的轮廓线、地砖的分隔线和马路的斑马线。

（3）0.3mm的针管笔用来绘画粗线，如建筑物的外轮廓线、地砖和马路的轮廓线、中景和近景中植物的树干。

图 3-1 线稿图

第4章　马克笔的上色技法

使用马克笔上色时，笔触一定要干脆利落，线条要流畅，色彩过渡要均匀自然，颜色要有冷暖对比。颜色不要重叠太多，否则会使画面脏掉。必要的时候可以少量重叠，以达到更丰富的色彩。

在上色的过程中还要注意以下几点问题：

（1）用笔遍数不宜过多，如果需要叠色要在第一遍颜色干透后，再进行第二遍上色，而且要准确、快速，否则色彩会相互混浊，而没有了马克笔透明和干净的特点。

（2）马克笔的笔触大多以排线为主，所以有规律地组织线条的方向和疏密，有利于形成统一的画面风格。

（3）马克笔不具有较强的覆盖性，浅色无法覆盖深色。所以，绘画时应该先上浅色然后再覆盖较深重的颜色。并且在要注意色彩之间的相互和谐，不要用过于鲜亮的颜色，应以中性色调为宜。

可使用留白法、排笔法、渐变法和叠加法等方法来绘画，增加画面的灵活性。

留白法：在物体上留出空白处用来表现物体高光效果的一种绘画方法。马克笔留白法案例效果如图4-1。

图4-1　马克笔留白法

排笔法：通过笔触的各种排列形式，来表现不同材质质感的一种绘画方法。马克笔排笔法案例效果如图 4-2。

图 4-2　马克笔排笔法

渐变法：使用同色系颜色，表达出均匀过渡效果的一种绘画方法。马克笔渐变法案例效果如图 4-3。

图 4-3　马克笔渐变法

叠加法：跳跃的颜色形成鲜明对比效果的一种绘画方法，马克笔叠加法案例效果如图 4-4。

图 4-4　马克笔叠加法

第 5 章　人物的绘制方法

本章中我们将逐步骤讲解多个人物的绘制过程。绘制人物分为两部分，一是线稿；二是上色。绘制人物线稿时，线条要清晰明确不要反复涂抹，轮廓线要比细节线粗，这样绘制出来的人物线稿才会更加灵动。上色时要注意颜色的搭配，色调要柔和，色彩过渡要均匀自然，不要选择过于反差太大的颜色，否则会影响画面效果。下面我们来逐个人物进行讲解。

5.1　人物 1

（1）如图 5-1，使用 0.2mm 的针管笔来绘制人物的轮廓线。使用 0.1mm 的针管笔来绘制人物的头部细节线、上衣和背包的褶皱线。然后使用 0.1mm 的针管笔来绘制腰部的衣服和裤子的褶皱线，以及鞋子的细节线。

图 5-1　绘制人物线稿

（2）如图 5-2，使用 2B 铅笔在人物的右侧绘制出简单的阴影轮廓线。线稿绘制好了以后就可以按照人物的明暗关系进行马克笔上色了。使用 E00 和 E02 两种颜色的马克笔对人物的皮肤进行上色。使用 C-5 和 C-7 两种颜色的马克笔对人物的头发进行上色。

图 5-2　头发和皮肤上色

（3）如图 5-3，使用 R02 和 R22 两种颜色的马克笔对人物的背心进行上色。使用
B45、BV17、YR68 和 E08 四个颜色的马克笔对人物的背包进行上色。使用 W-1、W-3 和
W-5 三种颜色的马克笔对人物手中的书本进行上色。

图 5-3　背心和背包上色

（4）如图 5-4，使用 V12 和 V15 两种颜色的马克笔对人物的衣服进行上色。使用 B45
和 B97 两种颜色的马克笔对人物的裤子进行上色。使用 YG67 和 BG96 两种颜色的马克笔
对人物的鞋子进行上色。然后使用 C-5 颜色的马克笔对人物的阴影进行上色。

图 5-4　裤子、鞋子和阴影上色

5.2 人物 2

（1）如图 5-5，使用 0.2mm 的针管笔来绘制人物的轮廓线。使用 0.1mm 的针管笔来绘制人物的头部细节线、上衣和背包的褶皱线。然后使用 0.1mm 的针管笔来绘制裤子的褶皱线和鞋子的细节线。

（2）如图 5-6，使用 2B 铅笔在人物的右侧绘制出简单的阴影轮廓线。线稿绘制好了以后就可以按照人物的明暗关系进行马克笔上色了。使用 E00 和 E02 两种颜色的马克笔对人物的皮肤进行上色。使用 Y15 和 YR23 两种颜色的马克笔对人物的头发进行上色。

图 5-5　绘制人物线稿

图 5-6　头发和皮肤上色

（3）如图 5-7，使用 YG41、G14、BG05、R22、BG05 和 B97 六种颜色的马克笔对人物的衣服进行上色。使用 YR68 和 R27 两种颜色的马克笔对人物的背包进行上色。

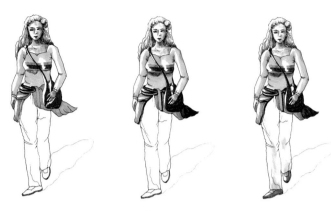

图 5-7　衣服和背包上色

（4）如图 5-8，使用 C-1 和 C-3 两种颜色的马克笔对人物的裤子进行上色。使用 B45 和 B97 两种颜色的马克笔对人物的鞋子进行上色。然后使用 C-5 颜色的马克笔对人物的阴影进行上色。

图 5-8　裤子、鞋子和阴影上色

5.3　人物 3

（1）如图 5-9，使用 0.2mm 的针管笔来绘制人物的轮廓线。使用 0.1mm 的针管笔来绘制人物的头部细节线、上衣和背包的褶皱线。然后使用 0.1mm 的针管笔来绘制裙子的褶皱线和鞋子的细节线。

图 5-9　绘制人物线稿

（2）如图 5-10，使用 2B 铅笔在人物的右侧绘制出简单的阴影轮廓线。线稿绘制好了以后就可以按照人物的明暗关系进行马克笔上色了。使用 E00 和 E02 两种颜色的马克笔对人物的皮肤进行上色。使用 YR68 和 E08 两种颜色的马克笔对人物的头发进行上色。

图 5-10　头发和皮肤上色

（3）如图 5-11，使用 Y15、YR23 和 YR68 三种颜色的马克笔对人物的衣服进行上色。使用 BG05 和 BG09 两种颜色的马克笔对人物的背包进行上色。

图 5-11　衣服和背包上色

（4）如图 5-12，使用 V12 和 V15 两种颜色的马克笔对人物的裙子进行上色。使用 R22 颜色的马克笔对人物的袜子进行上色。使用 B45 和 B97 两种颜色的马克笔对人物的鞋子进行上色。然后使用 C-5 颜色的马克笔对人物的阴影进行上色。

图 5-12　裙子、鞋子和阴影上色

5.4 人物 4

（1）如图 5-13，使用 0.2mm 的针管笔来绘制人物的轮廓线。使用 0.1mm 的针管笔来绘制人物的头部细节线、上衣和背包的褶皱线。然后使用 0.1mm 的针管笔来绘裤子的褶皱线，以及鞋子的细节线。

图 5-13　绘制人物线稿

（2）如图 5-14，使用 2B 铅笔在人物的右侧绘制出简单的阴影轮廓线。线稿绘制好了以后就可以按照人物的明暗关系进行马克笔上色了。使用 E00、E02、E50 和 E21 四种颜色的马克笔对人物的皮肤进行上色。使用 Y15、YR23、YR68 和 E08 四种颜色的马克笔对人物的头发进行上色。

图 5-14　头发和皮肤上色

（3）如图 5-15，使用 YG63、YG67、B45 和 BV17 四种颜色的马克笔对人物的衣服进行上色。使用 C-1 和 C-3 两种颜色的马克笔对人物的背包进行上色。

图 5-15　衣服和背包上色

（4）如图 5-16，使用 C-3 和 C-5 两种颜色的马克笔对人物的裤子进行上色。使用 E77、E49、C-5、C-7 和 100 五种颜色的马克笔对人物的鞋子进行上色。然后使用 C-5 颜色的马克笔对人物的阴影进行上色。

图 5-16　裤子、鞋子和阴影上色

5.5　人物 5

（1）如图 5-17，使用 0.2mm 的针管笔来绘制人物的轮廓线。使用 0.1mm 的针管笔来绘制人物的头部细节线、背心和背包的褶皱线。然后使用 0.1mm 的针管笔来绘制短裤的褶皱线，以及鞋子的细节线。

（2）如图 5-18，使用 2B 铅笔在人物的右侧绘制出简单的阴影轮廓线。线稿绘制好了以后就可以按照人物的明暗关系进行马克笔上色了。使用 E00 和 E02 两种颜色的马克笔对人物的皮肤进行上色。使用 YR68 和 E08 两种颜色的马克笔对人物的头发进行上色。

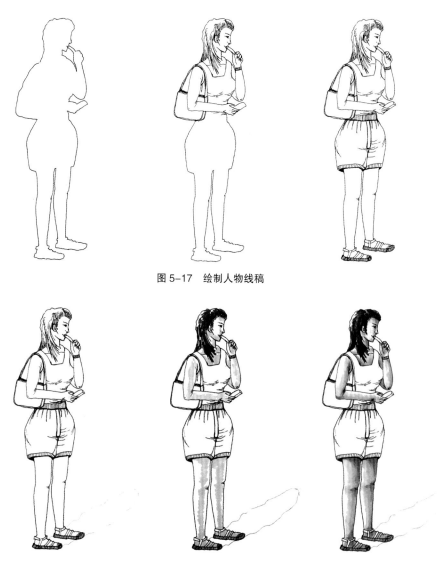

图 5-17 绘制人物线稿

图 5-18 头发和皮肤上色

（3）如图 5-19，使用 BG01 和 B93 两种颜色的马克笔对人物的背心进行上色。使用 R22 颜色的马克笔对人物的背包进行上色。

图 5-19 衣服和背包上色

（4）如图 5-20，使用 YG03、YG23、YG00、Y15、YR68、R27、BV17 和 B39 八种颜色的马克笔对人物的短裤进行上色。使用 R27 颜色的马克笔对人物的鞋子进行上色。然后使用 C-5 颜色的马克笔对人物的阴影进行上色。

图 5-20 短裤、鞋子和阴影上色

5.6 人物 6

（1）如图 5-21，使用 0.2mm 的针管笔来绘制人物的轮廓线。使用 0.1mm 的针管笔来绘制人物的头部细节线、上衣和背包的褶皱线。然后使用 0.1mm 的针管笔来绘制裙子和裤子的褶皱线，以及鞋子的细节线。

图 5-21 绘制人物线稿

（2）如图 5-22，使用 2B 铅笔在人物的右侧绘制出简单的阴影轮廓线。线稿绘制好了以后就可以按照人物的明暗关系进行马克笔上色了。使用 E00、E02、E50 和 E21 四种颜色的马克笔对人物的皮肤进行上色。使用 Y15、YR23、E37 和 E29 四种颜色的马克笔对人物的头发进行上色。

图 5-22　头发和皮肤上色

（3）如图 5-23，使用 V12、V15、YR68、BV17、B93 和 BG01 六种颜色的马克笔对人物的衣服进行上色。使用 B45 和 BV17 两种颜色的马克笔对人物的背包进行上色。

（4）如图 5-24，使用 R27、BG01、B93、BV17、YG00、Y15 和 YR68 七种颜色的马克笔对人物的裙子进行上色。使用 E43 和 Y28 两种颜色的马克笔对人物的裤子进行上色。使用 E77、E49 和 R27 三种颜色的马克笔对人物的鞋子进行上色。然后使用 C-5 颜色的马克笔对人物的阴影进行上色。

图 5-23　衣服和背包上色

图 5-24　裤子、鞋子和阴影上色

第6章 植物的绘制方法

本章中我们将逐步骤讲解14种植物的绘制过程。绘制植物分为两部分，一是线稿另一个就是上色。绘制植物线稿时，线条要清晰明确不要反复涂抹，树干的线条要比树叶或是树冠的线条粗，这样绘制出来的植物线稿才会更加灵动。植物受到自然光的影响分为受光区域、过渡区域和阴影区域三个部分，因此，我们上色的时候要使用三种深浅的颜色对这三个区域进行上色。要注意颜色的搭配，色调要柔和，色彩过渡要均匀自然，不要选择过于反差太大的颜色，否则会影响画面效果。下面我们来对逐个植物进行讲解。

6.1 绿篱

绿篱是指由灌木或小乔木近距离有规则的种植形式。绿篱可以随意修剪和组合，其观赏性极强。

（1）如图6-1，使用0.2mm的针管笔来绘制绿篱的轮廓线。使用0.1mm的针管笔来绘制绿篱细节线。使用0.3mm的针管笔来绘制路牙的轮廓线。

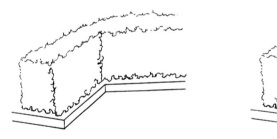

图6-1　绘制绿篱线稿

（2）如图6-2，线稿绘制好了以后就可以按照明暗关系进行马克笔上色了。使用YG00和YG03两种颜色的马克笔对绿篱的受光区域和过渡区域进行上色。

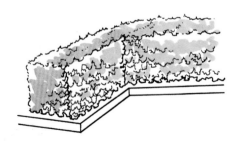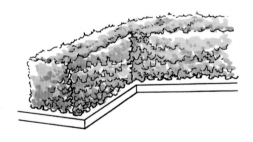

图6-2　受光区域和过渡区域上色

（3）如图 6-3，使用 YG67 颜色的马克笔对绿篱的阴影区域进行上色。使用 C-3 和 C-5 两种颜色的马克笔对路牙进行上色。并使用 C-5 颜色的马克笔绘制出绿篱的阴影。

图 6-3　阴影区域上色

6.2　含笑

含笑是一种常绿灌木，分枝多而紧密成圆形树冠。

（1）如图 6-4，使用 0.3mm 的针管笔来绘制含笑树干的轮廓线。使用 0.1mm 的针管笔来绘制含笑树冠轮廓线。使用 0.2mm 的针管笔来绘制含笑树冠的细节线。

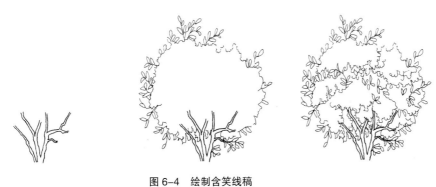

图 6-4　绘制含笑线稿

（2）如图 6-5，线稿绘制好了以后就可以按照明暗关系进行马克笔上色了。使用 YG11、YG67 和 G99 三种颜色的马克笔分别对含笑树冠的受光区域、过渡区域和阴影区域进行上色。

图 6-5　树冠上色

（3）如图 6-6，使用 Y28 和 E57 两种颜色的马克笔对含笑的树干进行上色。并使用 C-5 颜色的马克笔对含笑的阴影进行上色。

图 6-6　树干和阴影上色

6.3　灌木

灌木是指没有明显的主干、矮小而丛生，成熟后植株在 3 米以下的多年生木本植物。

（1）如图 6-7，使用 0.3mm 的针管笔来绘制灌木树干的轮廓线。使用 0.1mm 的针管笔来绘制灌木树冠轮廓线。使用 0.2mm 的针管笔来绘制灌木树冠的细节线。线稿绘制好了以后就可以按照明暗关系进行马克笔上色了。使用 YG00、YG91 和 YG23 三种颜色的马克笔分别对三棵灌木的受光区域进行上色。

图 6-7　绘制灌木线稿

（2）如图 6-8，使用 YG03、YG63 和 YG67 三种颜色的马克笔分别对三棵灌木的过渡区域进行上色。使用 YG67、BG96 和 G99 三种颜色的马克笔分别对三棵灌木的阴影区域进行上色。然后使用 C-5 颜色的马克笔对灌木的阴影进行上色。

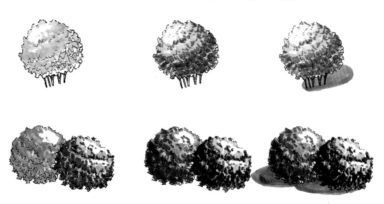

图 6-8　阴影区域和阴影上色

6.4 柏树

柏树为常绿乔木，在中国分布非常广泛，北起内蒙古、吉林，南至广东及广西北部；人工栽培更是遍布全国，是优良的园林绿化树种。树高一般可达 20m。

（1）如图 6-9，使用 0.3mm 的针管笔来绘制柏树树干的轮廓线。使用 0.1mm 的针管笔来绘制柏树树冠轮廓线。使用 0.2mm 的针管笔来绘制柏树树冠的细节线。

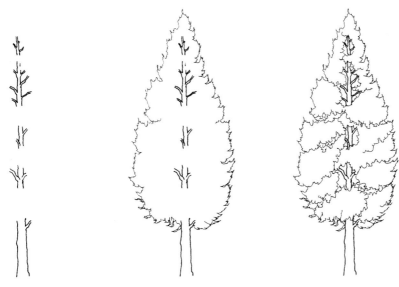

图 6-9　绘制柏树轮廓线

（2）如图 6-10，使用 0.2mm 的针管笔来绘制柏树树干上的纹理线条。线稿绘制好了以后就可以按照明暗关系进行马克笔上色了。使用 YG23 和 YG67 两种颜色的马克笔分别对柏树树冠的受光区域和过渡区域进行上色。

图 6-10　受光区域和过渡区域上色

（3）如图6-11，使用G99颜色的马克笔对柏树树冠的阴影区域进行上色。使用E77和E49两种颜色的马克笔对柏树的树干进行上色。

图6-11　阴影区域和树干上色

6.5　柳树

柳树为落叶乔木、耐寒、耐涝、耐旱、喜湿地、喜温暖和高温，树高一般可达20～30m，对空气污染及尘埃的抵抗力强，适合于都市庭园中生长，尤其于水池或溪流边。

（1）如图6-12，使用0.3mm的针管笔来绘制柳树树干的轮廓线。使用0.1mm的针管笔来绘制柳树的枝条。使用0.2mm的针管笔来绘制柳树树干上的纹理线条。

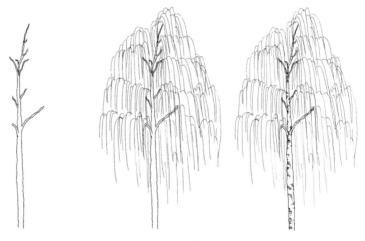

图6-12　绘制柳树线稿

（2）如图6-13，线稿绘制好了以后就可以按照明暗关系进行马克笔上色了。使用YG11、YG67和G99三种颜色的马克笔分别对柳树的受光区域、过渡区域和阴影区域进行上色。使用C-5颜色的马克笔绘制出柳树的阴影。

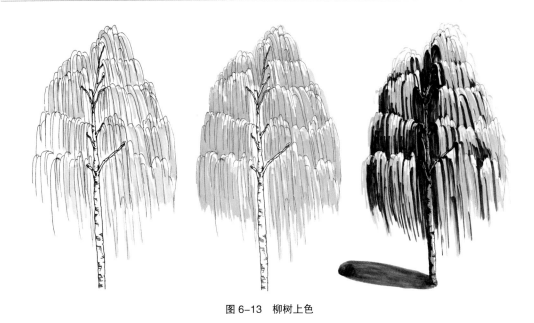

图 6-13 柳树上色

6.6 双翼豆

双翼豆为落叶乔木，具有广阔的伞形树冠，原产于印度及东南亚，分布遍及海南、越南、马来西亚、菲律宾及澳洲北部等地方。在香港，双翼豆常被作为路旁树，树高一般可达 25m。

（1）如图 6-14，使用 0.3mm 的针管笔来绘制双翼豆树干的轮廓线。使用 0.1mm 的针管笔来绘制双翼豆树冠轮廓线。使用 0.2mm 的针管笔来绘制双翼豆树冠的细节线。

图 6-14 绘制双翼豆的轮廓线

（2）如图 6-15，使用 0.2mm 的针管笔来绘制柳树树干上的纹理线条。线稿绘制好了以后就可以按照明暗关系进行马克笔上色了。使用 YG00 颜色的马克笔对双翼豆的受光区域进行上色。使用 V12 颜色的马克笔在树冠上绘制出果实。

图 6-15　受光区域和果实上色

（3）如图 6-16，使用 YG23、YG67 和 G99 三种颜色的马克笔分别对双翼豆的过渡区域和阴影区域进行上色。并使用 V12 颜色的马克笔将果实的颜色进行局部加重。

图 6-16　过渡区域和阴影区域上色

（4）如图 6-17，使用 Y28 和 E57 两种颜色的马克笔对双翼豆的树干进行上色。

图 6-17　树干上色

6.7　红胶木

红胶木是生长迅速的常绿乔木，原产于澳洲，其适应力强，较宜种植于疏松的土壤中，有助抑制杂草的生长，北美热带和亚热带地区广泛栽培作为绿荫树。树高一般可达20m。

（1）如图 6-18，使用 0.3mm 的针管笔来绘制红胶木树干的轮廓线。使用 0.1mm 的针管笔来绘制红胶木树冠轮廓线。使用 0.2mm 的针管笔来绘制红胶木树冠的细节线。

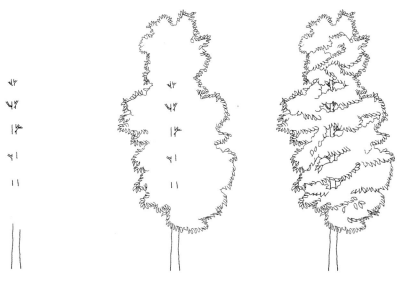

图 6-18　绘制红胶木线稿

（2）如图 6-19，使用 0.2mm 的针管笔来绘制红胶木树干上的纹理线条。线稿绘制好了以后就可以按照明暗关系进行马克笔上色了。使用 YG00、YG23、BG96 和 B97 四种颜色的马克笔对红胶木的受光区域和过渡区域进行上色。

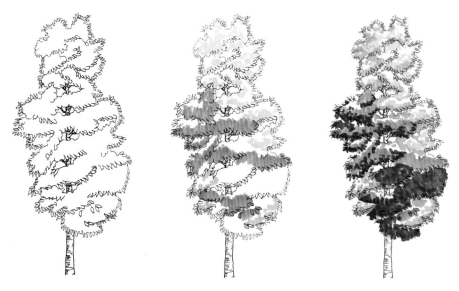

图 6-19　受光区域和过渡区域上色

（3）如图 6-20，使用 YG67、G99 和 B45 三种颜色的马克笔对红胶木的阴影区域进行上色。使用 E43 和 E57 两种颜色的马克笔对红胶木的树干进行上色。

图 6-20　阴影区域和树干上色

6.8　梧桐树

梧桐树为落叶乔木，原生于中国，南北各省都有栽培，广泛栽植为行道绿化树种及庭园绿化观赏树。由于其梧桐树树干光滑挺直，叶大优美，是一种著名的观赏树，树高一般可达 15m。

（1）如图 6-21，使用 0.3mm 的针管笔来绘制梧桐树干的轮廓线。使用 0.1mm 的针管笔来绘制梧桐树冠轮廓线。使用 0.2mm 的针管笔来绘制梧桐树冠的细节线。

图 6-21　绘制梧桐树线稿

（2）如图 6-22，使用 0.2mm 的针管笔来绘制梧桐树干上的纹理线条。线稿绘制好了以后就可以按照明暗关系进行马克笔上色了。使用 Y02、Y15 和 YR23 三种颜色的马克笔对梧桐树上的花朵进行上色。

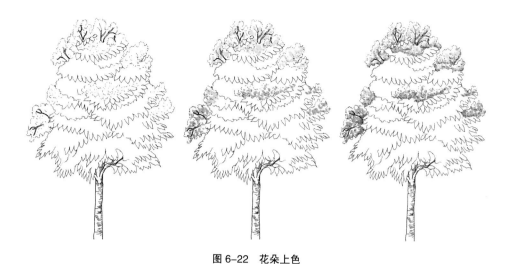

图 6-22　花朵上色

（3）如图 6-23，使用 YG03、YG63 和 YG67 三种颜色的马克笔对梧桐树的受光区域和过渡区域进行上色。

图 6-23　受光区域和过渡区域上色

（4）如图 6-24，使用 G99 和 B97 两种颜色的马克笔对梧桐树的阴影区域进行上色。试验 E43 和 E77 两种颜色的马克笔对梧桐树的树干进行上色。

图 6-24　阴影区域和树干上色

6.9 垂叶榕

垂叶榕为常绿乔木，分布于云南、广东、海南等地。垂叶榕可以净化空气，可用作装饰绿植。树高一般可达20m。

（1）如图6-25，使用0.3mm的针管笔来绘制垂叶榕树干和树枝的轮廓线。使用0.1mm的针管笔来绘制垂叶榕树冠轮廓线。使用0.2mm的针管笔来绘制垂叶榕树冠的细节线。

图 6-25 绘制垂叶榕的线稿

（2）如图6-26，使用0.2mm的针管笔来绘制垂叶榕树干上的纹理线条。线稿绘制好了以后就可以按照明暗关系进行马克笔上色了。使用YG00和YG11两种颜色的马克笔对垂叶榕树冠上的受光区域进行上色。

图 6-26 受光区域上色

（3）如图 6-27，使用 YG03、YG67 和 B97 三种颜色的马克笔对垂叶榕树冠上的过渡区域和阴影区域进行上色。使用 E43 和 E77 两种颜色的马克笔对垂叶榕的树干进行上色。

图 6-27　过渡区域、阴影区域和树干上色

6.10　椿树

椿树是一种落叶树。它原产于中国东北部、中部和台湾。生长在气候温和的地带。这种树木生长迅速，可以在 25 年内达到 15m 的高度，一般树高可达 30m，常植为行道树。

（1）如图 6-28，使用 0.3mm 的针管笔来绘制椿树树干和树枝的轮廓线。使用 0.1mm 的针管笔来绘制椿树树冠轮廓线。使用 0.2mm 的针管笔来绘制椿树树冠的细节线。

图 6-28　绘制椿树线稿

（2）如图 6-29，使用 0.2mm 的针管笔来绘制椿树树干上的纹理线条。线稿绘制好了以后就可以按照明暗关系进行马克笔上色了。使用 YG00 和 YG23 两种颜色的马克笔对椿树树冠上的受光区域进行上色。

图 6-29　受光区域上色

（3）如图 6-30，使用 YG95 和 G99 两种颜色的马克笔对椿树树冠上的过渡区域和阴影区域进行上色。使用 E43 和 E77 两种颜色的马克笔对椿树的树干进行上色。

图 6-30　过渡区域、阴影区域和树干上色

6.11　榕树

榕树原产于热带亚洲，以树形奇特，枝叶繁茂，树冠巨大而著称。四季常青，姿态优美，具有较高的观赏价值和良好的生态效果，广栽于南方各地，已成为重要的园林观赏树种。一般树高可达 30m。

（1）如图 6-31，使用 0.3mm 的针管笔来绘制榕树树干和树枝的轮廓线。使用 0.1mm 的针管笔来绘制榕树树冠轮廓线。使用 0.2mm 的针管笔来绘制榕树树冠的细节线。

（2）如图 6-32，使用 0.2mm 的针管笔来绘制榕树树干上的纹理线条。线稿绘制好了以后就可以按照明暗关系进行马克笔上色了。使用 YG00 和 YG23 两种颜色的马克笔对榕树树冠上的受光区域进行上色。使用 Y02、Y15 和 YR23 三种颜色的马克笔对榕树顶端的花朵进行上色。

图 6-31 绘制榕树线稿

图 6-32 花朵和受光区域上色

（3）如图 6-33，使用 YG67、G99 和 B97 三种颜色的马克笔对榕树树冠上的过渡区域和阴影区域进行上色。使用 YG91、W-5 和 E77 三种颜色的马克笔对榕树的树干进行上色。

图 6-33 过渡区域、阴影区域和树干上色

6.12　无患子

　　无患子为落叶乔木，生长较快，寿命长，对二氧化硫抗性较强，因此成为工业城市生态绿化的首选树种。无患子为彩叶树种，广泛用于园林绿化，是优良的观叶、观果树种。一般树高可达 25m。

　　（1）如图 6-34，使用 0.3mm 的针管笔来绘制无患子树干和树枝的轮廓线。使用 0.1mm 的针管笔来绘制无患子树冠轮廓线。使用 0.2mm 的针管笔来绘制无患子树冠的细节线。

图 6-34　绘制无患子线稿

　　（2）如图 6-35，使用 0.2mm 的针管笔来绘制无患子树干上的纹理线条。线稿绘制好了以后就可以按照明暗关系进行马克笔上色了。使用 YG23 和 YG63 两种颜色的马克笔对无患子树冠上的受光区域进行上色。使用 V12 和 V15 两种颜色的马克笔对无患子的花朵进行上色。

图 6-35　花朵和受光区域上色

（3）如图 6-36，使用 YG67、BG96 和 B39 三种颜色的马克笔对无患子树冠上的过渡区域和阴影区域进行上色。使用 W-3、W-5 和 W-7 三种颜色的马克笔对无患子的树干进行上色。

图 6-36　过渡区域、阴影区域和树干上色

6.13　大叶相思

大叶相思是一种原产于澳洲的常绿乔木，生长迅速，一般树高可达 16m，广泛用于防风造林、园林绿化和行道树。

（1）如图 6-37，使用 0.3mm 的针管笔来绘制大叶相思树干和树枝的轮廓线。使用 0.1mm 的针管笔来绘制大叶相思树冠轮廓线。使用 0.2mm 的针管笔来绘制大叶相思树冠的细节线。

图 6-37　绘制大叶相思线稿

（2）如图 6-38，使用 0.2mm 的针管笔来绘制大叶相思树干上的纹理线条。线稿绘制好了以后就可以按照明暗关系进行马克笔上色了。使用 YG00 和 YG03 两种颜色的马克笔对大叶相思树冠上的受光区域进行上色。

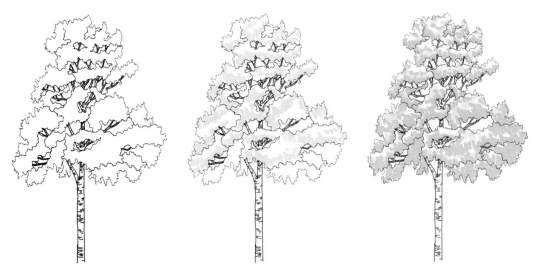

图 6-38　受光区域上色

（3）如图 6-39，使用 YG67、G99 和 B97 三种颜色的马克笔对大叶相思树冠上的过渡区域和阴影区域进行上色。使用 E43 和 E77 两种颜色的马克笔对大叶相思的树干进行上色。

图 6-39　过渡区域、阴影区域和树干上色

6.14　紫薇树

紫薇树是我国珍贵的环境保护植物，属于落叶乔木。具有较强的抗污染和抗有毒气体的能力，因此成为工矿区、住宅区美化环境的理想树种。一般树高可达 10m，是优良的园林观赏花木和树桩盆景种类之一。

（1）如图 6-40，使用 0.3mm 的针管笔来绘制紫薇树树干和树枝的轮廓线。使用 0.1mm 的针管笔来绘制紫薇树树冠轮廓线。使用 0.2mm 的针管笔来绘制紫薇树叶的细节线。

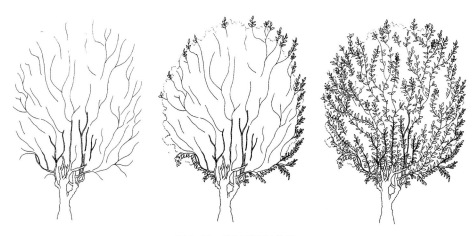

图 6-40 绘制紫薇树线稿

（2）如图 6-41，使用 0.2mm 的针管笔来绘制紫薇树树干上的纹理线条。线稿绘制好了以后就可以按照明暗关系进行马克笔上色了。使用 Y02、E95、R22、R27、RV23 和 YR68 六种颜色的马克笔对紫薇树冠上的花朵进行上色。

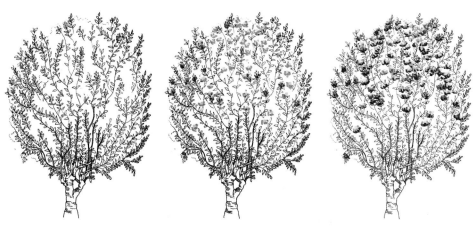

图 6-41 花朵上色

（3）如图 6-42，使用 YG00、YG03 和 YG67 三种颜色的马克笔对紫薇树叶的受光区域和过渡区域进行上色。

图 6-42 受光区域和过渡区域上色

（4）如图 6-43，使用 G99 和 B97 两种颜色的马克笔对紫薇树树叶的阴影区域进行上色。使用 E43 和 E77 两种颜色的马克笔对紫薇树的树干进行上色。

图 6-43　阴影区域和树干上色

第7章 车辆的绘制方法

本章中我们将逐步骤讲解 6 种车辆的绘制过程。绘制车辆分为两部分，一是线稿另一个就是上色。绘制车辆线稿时，线条要清晰明确不要反复涂抹，车辆的轮廓线要比细节线条粗，这样绘制出来的车辆线稿才会更加灵动。

上色的时候，我们要使用两种深浅的颜色，来绘制车辆的底色和局部的加深颜色。车辆受到自然光的影响高光部分会表现为白色，因此高光效果可以直接留白。要注意多种颜色之间的搭配，色调要柔和，色彩过渡要均匀自然，不要选择过于反差太大的颜色，否则会影响画面效果。下面我们分别从每辆车的车头和车尾两部分进行详细讲解。

7.1 奥迪 RS4

（1）先来讲解车头的绘制方法，如图 7-1，使用 0.2mm 的针管笔来绘制车辆的轮廓线。使用 0.1mm 的针管笔来绘制车辆的细节线。

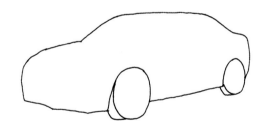

图 7-1　绘制车辆线稿

（2）如图 7-2，在车辆线稿底部用铅笔绘制出阴影轮廓线。线稿绘制好了以后就可以按照明暗关系进行马克笔上色了。使用 R22 颜色的马克笔来绘制车身的底色，局部适当留白用来表现车身的高光效果。

图 7-2　车身上色

（3）如图 7-3，使用 R27 颜色的马克笔在车身表面进行局部加深，增加车身的明暗对比效果。使用 C-3 颜色的马克笔来绘制玻璃的底色，局部留白来表现玻璃的高光效果。

图 7-3　加深车身颜色和玻璃上色

（4）如图 7-4，使用 C-5 颜色的马克笔在玻璃表面进行局部加深，增加玻璃的明暗对比效果。使用 C-3、C-5、C-7 和 B97 四种颜色的马克笔对车身和玻璃以外的部分进行上色。

图 7-4　局部上色

（5）如图 7-5，使用 100 颜色的马克笔对轮胎进行上色，在玻璃的边缘和局部位置进行着重加深。最后使用 C-7 颜色的马克笔对车辆的阴影进行上色。

图 7-5　加深颜色和绘制阴影

（6）接下来讲解车尾的绘制方法，如图 7-6，使用 0.2mm 的针管笔来绘制车辆的轮廓线。使用 0.1mm 的针管笔来绘制车辆的细节线。

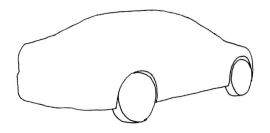

图 7-6　绘制车辆线稿

（7）如图 7-7，在车辆线稿底部用铅笔绘制出阴影轮廓线。线稿绘制好了以后就可以按照明暗关系进行马克笔上色了。使用 R22 颜色的马克笔来绘制车身的底色，局部适当留白用来表现车身的高光效果。

图 7-7 车身上色

（8）如图 7-8，使用 R27 颜色的马克笔在车身表面进行局部加深，增加车身的明暗对比效果。使用 C-3 颜色的马克笔来绘制玻璃的底色，局部留白来表现玻璃的高光效果。

图 7-8 加深车身颜色和玻璃上色

（9）如图 7-9，使用 C-5 颜色的马克笔在玻璃表面进行局部加深，增加玻璃的明暗对比效果。使用 R27、C-5、C-7 和 B97 四种颜色的马克笔对车身和玻璃以外的部分进行上色。

图 7-9 局部上色

（10）如图 7-10，使用 100 颜色的马克笔对轮胎进行上色，在玻璃的边缘和局部位置进行着重加深。最后使用 C-7 颜色的马克笔对车辆的阴影进行上色。

图 7-10 加深颜色和绘制阴

7.2 奥迪 TT

（1）先来讲解车头的绘制方法，如图 7-11，使用 0.2mm 的针管笔来绘制车辆的轮廓线。使用 0.1mm 的针管笔来绘制车辆的细节线。

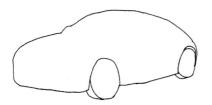

图 7-11 绘制车辆线稿

（2）如图 7-12，在车辆线稿底部用铅笔绘制出阴影轮廓线。线稿绘制好了以后就可以按照明暗关系进行马克笔上色了。使用 Y02 颜色的马克笔来绘制车身的底色，局部适当留白用来表现车身的高光效果。

图 7-12 车身上色

（3）如图 7-13，使用 Y15 和 YR23 两种颜色的马克笔在车身表面进行局部加深，增加车身的明暗对比效果。使用 C-3 颜色的马克笔来绘制玻璃的底色，局部留白来表现玻璃的高光效果。

图 7-13 加深车身颜色和玻璃上色

（4）如图 7-14，使用 C-5 颜色的马克笔在玻璃表面进行局部加深，增加玻璃的明暗对比效果。使用 C-3、C-7 和 B97 三种颜色的马克笔对车身和玻璃以外的部分进行上色。

图 7-14 局部上色

（5）如图 7-15，使用 100 颜色的马克笔对轮胎进行上色，在玻璃的边缘和局部位置进行着重加深。最后使用 C-7 颜色的马克笔对车辆的阴影进行上色。

图 7-15　加深颜色和绘制阴影

（6）接下来讲解车尾的绘制方法，如图 7-16，使用 0.2mm 的针管笔来绘制车辆的轮廓线。使用 0.1mm 的针管笔来绘制车辆的细节线。

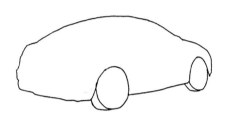
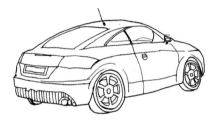

图 7-16　绘制车辆线稿

（7）如图 7-17，在车辆线稿底部用铅笔绘制出阴影轮廓线。线稿绘制好了以后就可以按照明暗关系进行马克笔上色了。使用 R22 颜色的马克笔来绘制车身的底色，局部适当留白用来表现车身的高光效果。

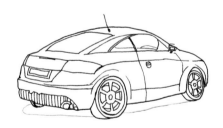

图 7-17　车身上色

（8）如图 7-18，使用 Y15 和 YR23 两种的马克笔在车身表面进行局部加深，增加车身的明暗对比效果。使用 C-3 颜色的马克笔来绘制玻璃的底色，局部留白来表现玻璃的高光效果。

图 7-18　加深车身颜色和玻璃上色

（9）如图 7-19，使用 C-5 颜色的马克笔在玻璃表面进行局部加深，增加玻璃的明暗对比效果。使用 R27、C-7 和 B97 三种颜色的马克笔对车身和玻璃以外的部分进行上色。

图 7-19　局部上色

（10）如图 7-20，使用 100 颜色的马克笔对轮胎进行上色，在玻璃的边缘和局部位置进行着重加深。最后使用 C-7 颜色的马克笔对车辆的阴影进行上色。

图 7-20　加深颜色和绘制阴影

7.3　萨博 95

（1）先来讲解车头的绘制方法，如图 7-21，使用 0.2mm 的针管笔来绘制车辆的轮廓线。使用 0.1mm 的针管笔来绘制车辆的细节线。

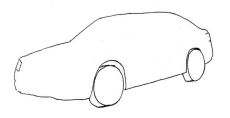

图 7-21　绘制车辆线稿

（2）如图 7-22，在车辆线稿底部用铅笔绘制出阴影轮廓线。线稿绘制好了以后就可以按照明暗关系进行马克笔上色了。使用 W-1 颜色的马克笔来绘制车身的底色，局部适当留白用来表现车身的高光效果。

图 7-22　车身上色

（3）如图 7-23，使用 W-3 和 W-5 两种颜色的马克笔在车身表面进行局部加深，增加车身的明暗对比效果。使用 C-3 颜色的马克笔来绘制玻璃的底色，局部留白来表现玻璃的高光效果。

图 7-23　加深车身颜色和玻璃上色

（4）如图 7-24，使用 C-5 颜色的马克笔在玻璃表面进行局部加深，增加玻璃的明暗对比效果。使用 C-3、C-7 和 B97 三种颜色的马克笔对车身和玻璃以外的部分进行上色。

图 7-24　局部上色

（5）如图 7-25，使用 100 颜色的马克笔对轮胎进行上色，在玻璃的边缘和局部位置进行着重加深。最后使用 C-7 颜色的马克笔对车辆的阴影进行上色。

图 7-25　加深颜色和绘制阴影

（6）接下来讲解车尾的绘制方法，如图 7-26，使用 0.2mm 的针管笔来绘制车辆的轮廓线。使用 0.1mm 的针管笔来绘制车辆的细节线。

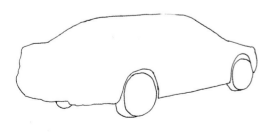

图 7-26　绘制车辆线稿

（7）如图 7-27，在车辆线稿底部用铅笔绘制出阴影轮廓线。线稿绘制好了以后就可以按照明暗关系进行马克笔上色了。使用 W-1 颜色的马克笔来绘制车身的底色，局部适当留白用来表现车身的高光效果。

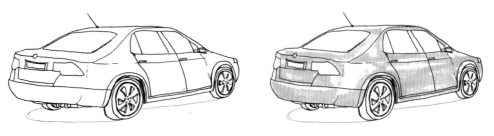

图 7-27　车身上色

（8）如图 7-28，使用 W-5 和 W-7 两种的马克笔在车身表面进行局部加深，增加车身的明暗对比效果。使用 C-3 颜色的马克笔来绘制玻璃的底色，局部留白来表现玻璃的高光效果。

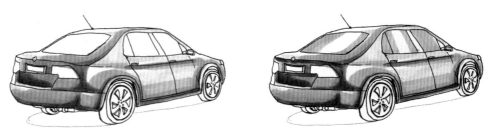

图 7-28　加深车身颜色和玻璃上色

（9）如图 7-29，使用 C-7 颜色的马克笔在玻璃表面进行局部加深，增加玻璃的明暗对比效果。使用 R27、C-7 和 B97 三种颜色的马克笔对车身和玻璃以外的部分进行上色。

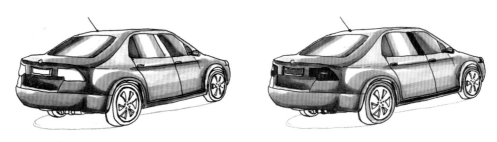

图 7-29　局部上色

（10）如图 7-30，使用 100 颜色的马克笔对轮胎进行上色，在玻璃的边缘和局部位置进行着重加深。最后使用 C-7 颜色的马克笔对车辆的阴影进行上色。

图 7-30　加深颜色和绘制阴影

7.4 斯柯达

（1）先来讲解车头的绘制方法，如图 7-31，使用 0.2mm 的针管笔来绘制车辆的轮廓线。使用 0.1mm 的针管笔来绘制车辆的细节线。

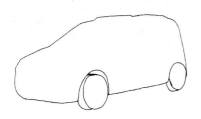

图 7-31 绘制车辆线稿

（2）如图 7-32，在车辆线稿底部用铅笔绘制出阴影轮廓线。线稿绘制好了以后就可以按照明暗关系进行马克笔上色了。使用 BG05 颜色的马克笔来绘制车身的底色，局部适当留白用来表现车身的高光效果。

图 7-32 车身上色

（3）如图 7-33，使用 BG09 颜色的马克笔在车身表面进行局部加深，增加车身的明暗对比效果。使用 C-3 颜色的马克笔来绘制玻璃的底色，局部留白来表现玻璃的高光效果。

图 7-33 加深车身颜色和玻璃上色

（4）如图 7-34，使用 C-5 颜色的马克笔在玻璃表面进行局部加深，增加玻璃的明暗对比效果。使用 C-3、C-7 和 B97 三种颜色的马克笔对车身和玻璃以外的部分进行上色。

图 7-34 局部上色

（5）如图 7-35，使用 100 颜色的马克笔对轮胎进行上色，在玻璃的边缘和局部位置进行着重加深。最后使用 C-7 颜色的马克笔对车辆的阴影进行上色。

图 7-35　加深颜色和绘制阴影

（6）接下来讲解车尾的绘制方法，如图 7-36，使用 0.2mm 的针管笔来绘制车辆的轮廓线。使用 0.1mm 的针管笔来绘制车辆的细节线。

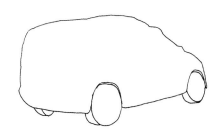

图 7-36　绘制车辆线稿

（7）如图 7-37，在车辆线稿底部用铅笔绘制出阴影轮廓线。线稿绘制好了以后就可以按照明暗关系进行马克笔上色了。使用 BG05 颜色的马克笔来绘制车身的底色，局部适当留白用来表现车身的高光效果。

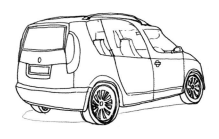

图 7-37　车身上色

（8）如图 7-38，使用 BG09 颜色的马克笔在车身表面进行局部加深，增加车身的明暗对比效果。使用 C-3 颜色的马克笔来绘制玻璃的底色，局部留白来表现玻璃的高光效果。

图 7-38　加深车身颜色和玻璃上色

（9）如图 7-39，使用 C-5 颜色的马克笔在玻璃表面进行局部加深，增加玻璃的明暗对比效果。使用 R27、C-7 和 B97 三种颜色的马克笔对车身和玻璃以外的部分进行上色。

图 7-39　局部上色

（10）如图 7-40，使用 100 颜色的马克笔对轮胎进行上色，在玻璃的边缘和局部位置进行着重加深。最后使用 C-7 颜色的马克笔对车辆的阴影进行上色。

图 7-40　加深颜色和绘制阴影

7.5　JEEP

（1）先来讲解车头的绘制方法，如图 7-41，使用 0.2mm 的针管笔来绘制车辆的轮廓线。使用 0.1mm 的针管笔来绘制车辆的细节线。

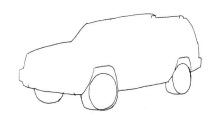 

图 7-41　绘制车辆线稿

（2）如图 7-42，在车辆线稿底部用铅笔绘制出阴影轮廓线。线稿绘制好了以后就可以按照明暗关系进行马克笔上色了。使用 E43 颜色的马克笔来绘制车身的底色，局部适当留白用来表现车身的高光效果。

图 7-42　车身上色

（3）如图7-43，使用W-5和W-7两种颜色的马克笔在车身表面进行局部加深，增加车身的明暗对比效果。使用C-3颜色的马克笔来绘制玻璃的底色，局部留白来表现玻璃的高光效果。

图7-43 加深车身颜色和玻璃上色

（4）如图7-44，使用C-5颜色的马克笔在玻璃表面进行局部加深，增加玻璃的明暗对比效果。使用YR68、C-3、C-7和B97四种颜色的马克笔对车身和玻璃以外的部分进行上色。

图7-44 局部上色

（5）如图7-45，使用100颜色的马克笔对轮胎进行上色，在玻璃的边缘和局部位置进行着重加深。最后使用C-7颜色的马克笔对车辆的阴影进行上色。

图7-45 加深颜色和绘制阴影

（6）接下来讲解车尾的绘制方法，如图7-46，使用0.2mm的针管笔来绘制车辆的轮廓线。使用0.1mm的针管笔来绘制车辆的细节线。

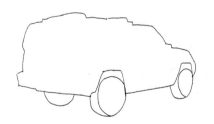

图7-46 绘制车辆线稿

（7）如图 7-47，在车辆线稿底部用铅笔绘制出阴影轮廓线。线稿绘制好了以后就可以按照明暗关系进行马克笔上色了。使用 E43 颜色的马克笔来绘制车身的底色，局部适当留白用来表现车身的高光效果。

图 7-47　车身上色

（8）如图 7-48，使用 W-5 和 W-7 颜色的马克笔在车身表面进行局部加深，增加车身的明暗对比效果。使用 C-3 颜色的马克笔来绘制玻璃的底色，局部留白来表现玻璃的高光效果。

图 7-48　加深车身颜色和玻璃上色

（9）如图 7-49，使用 C-5 颜色的马克笔在玻璃表面进行局部加深，增加玻璃的明暗对比效果。使用 R27、YR68、E08 和 B97 四种颜色的马克笔对车身和玻璃以外的部分进行上色。

图 7-49　局部上色

（10）如图 7-50，使用 100 颜色的马克笔对轮胎进行上色，在玻璃的边缘和局部位置进行着重加深。最后使用 C-7 颜色的马克笔对车辆的阴影进行上色。

图 7-50　加深颜色和绘制阴影

7.6 路虎

（1）先来讲解车头的绘制方法，如图7-51，使用0.2mm的针管笔来绘制车辆的轮廓线。使用0.1mm的针管笔来绘制车辆的细节线。

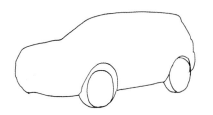

图7-51 绘制车辆线稿

（2）如图7-52，在车辆线稿底部用铅笔绘制出阴影轮廓线。线稿绘制好了以后就可以按照明暗关系进行马克笔上色了。使用E21颜色的马克笔来绘制车身的底色，局部适当留白用来表现车身的高光效果。

图7-52 车身上色

（3）如图7-53，使用YR23颜色的马克笔在车身表面进行局部加深，增加车身的明暗对比效果。使用C-3颜色的马克笔来绘制玻璃的底色，局部留白来表现玻璃的高光效果。

图7-53 加深车身颜色和玻璃上色

（4）如图7-54，使用C-7颜色的马克笔在玻璃表面进行局部加深，增加玻璃的明暗对比效果。使用C-5和C-7两种颜色的马克笔对车身和玻璃以外的部分进行上色。

图7-54 局部上色

（5）如图 7-55，使用 100 颜色的马克笔对轮胎进行上色，在玻璃的边缘和局部位置进行着重加深。最后使用 C-7 颜色的马克笔对车辆的阴影进行上色。

图 7-55　加深颜色和绘制阴影

（6）接下来讲解车尾的绘制方法，如图 7-56，使用 0.2mm 的针管笔来绘制车辆的轮廓线。使用 0.1mm 的针管笔来绘制车辆的细节线。

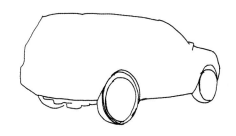

图 7-56　绘制车辆线稿

（7）如图 7-57，在车辆线稿底部用铅笔绘制出阴影轮廓线。线稿绘制好了以后就可以按照明暗关系进行马克笔上色了。使用 E21 颜色的马克笔来绘制车身的底色，局部适当留白用来表现车身的高光效果。

图 7-57　车身上色

（8）如图 7-58，使用 YR23 颜色的马克笔在车身表面进行局部加深，增加车身的明暗对比效果。使用 C-3 颜色的马克笔来绘制玻璃的底色，局部留白来表现玻璃的高光效果。

图 7-58　加深车身颜色和玻璃上色

（9）如图 7-59，使用 C-5 颜色的马克笔在玻璃表面进行局部加深，增加玻璃的明暗对比效果。使用 R27、C-5 和 C-7 三种颜色的马克笔对车身和玻璃以外的部分进行上色。

图 7-59 局部上色

（10）如图 7-60，使用 100 颜色的马克笔对轮胎进行上色，在玻璃的边缘和局部位置进行着重加深。最后使用 C-7 颜色的马克笔对车辆的阴影进行上色。

图 7-60 加深颜色和绘制阴影

第8章　别墅上色技法

本章将分步骤详细讲解一点透视别墅的马克笔上色技法，具体上色步骤如下：

步骤一

较大面积上色时，马克笔会留下生硬的笔触，无法表现出细腻柔和的过渡效果，我们一般会采用水彩颜料来进行辅助上色。如图 8-1，使用平头的水彩画笔，蘸上群青色和普蓝色并加入大量清水调和均匀后，按照上深下浅的色彩变化涂刷在天空的位置上，不要一味的平涂，局部要有深浅变化，这样会让天空更加生动。

图 8-1　天空上色

步骤二

我们先来对建筑进行上色，这样周围环境的颜色可以围绕建筑进行选择，使整个画面和谐统一。如图 8-2，使用 B93、B45、B39 和 Y02 四种颜色的马克笔对二层的墙面和屋檐进行上色。使用 BV17 和 BV29 两种颜色的马克笔对二层的玻璃进行上色。

图 8-2　二层屋檐和墙面上色

步骤三

如图 8-3，使用 C-5 颜色的马克笔对一层的屋檐底部和墙面的阴影进行上色。使用 C-1 和 C-3 两种颜色的马克笔对一层的柱廊进行上色，柱廊的高光位置留白即可。

图 8-3　一层屋檐和墙面阴影上色

步骤四

如图 8-4，使用 B45 颜色的马克笔对一层的墙面进行上色。使用 BV17、BV29、YG03、YG63 和 G99 五种颜色的马克笔对一层的玻璃进行上色。使用 E37 和 E57 两种颜色的马克笔对门进行上色。

图 8-4 一层墙面、玻璃和门上色

步骤五

如图 8-5，使用 R02、R27 和 E08 三种颜色的马克笔对一层的围墙进行上色。使用 C-5 和 C-7 两种颜色的马克笔对围墙栅栏的阴影进行上色。

图 8-5 一层围墙和栅栏阴影上色

步骤六

如图 8-6，使用 C-3 和 C-7 两种颜色的马克笔对地砖的阴影区域进行上色，使用 W-1 和 W-5 两种颜色的马克笔对地砖的受光区域进行上色。

图 8-6　地砖上色

步骤七

如图 8-7，使用 YG00、YG63、YG96、YG91 和 E57 五种颜色的马克笔对左侧远处的植物进行上色。

图 8-7　左侧远处植物上色

步骤八

如图 8-8，使用 Y02、YG00、YG67 和 G99 四种颜色的马克笔对左侧近处的灌木和绿篱进行上色。

图 8-8　左侧灌木和绿篱上色

步骤九

近景植物色彩对比要强，如图 8-9，使用 Y02、YG00、YG63、YG67、G99 和 E77 六种颜色的马克笔对右侧近处的灌木、绿篱和含笑进行上色。

图 8-9　右侧灌木和绿篱上色

步骤十

　　远景植物色彩对比要弱，如图 8-10，使用 YG11、YG63、YG67、YG91、YG95、G99 和 E37 七种颜色的马克笔对右侧远处的植物进行上色。

图 8-10　右侧远处植物上色

步骤十一

　　如图 8-11，使用 Y02、YG00、YG63、BG96 和 G99 五种颜色的马克笔对所有的草地进行上色。

图 8-11　草地上色

步骤十二

如图 8-12，使用 C-7 和 100 两种颜色的马克笔对草地上各种植物的阴影进行上色，增加画面的立体感。最后在对局部细节进行细微的调整，这样别墅案例的颜色就绘制好了。

图 8-12　植物阴影上色

第9章 写字楼上色技法

本章将逐步骤详细讲解两点透视写字楼的马克笔上色技法，具体上色步骤如下：

步骤一

较大面积上色时，马克笔会留下生硬的笔触，无法表现出细腻柔和的过渡效果，我们一般会采用水彩颜料来进行辅助上色。如图9-1，使用平头的水彩画笔，蘸上群青色和青莲色并加入大量清水调和均匀后，按照上深下浅的色彩变化涂刷在天空的位置上，不要一味的平涂，局部要有深浅变化，这样会让天空更加灵活。

步骤二

我们先来对建筑进行上色，这样周围环境的颜色可以围绕建筑进行选择，使整个画面和谐统一。如图9-2，使用C-1、C-3和C-7三种颜色的马克笔对左侧的墙面进行上色。

图9-1　天空上色

图9-2　左侧墙面上色

步骤三

如图 9-3，使用 B00 和 BG01 两种颜色的马克笔对左侧的阳台玻璃进行上色，使用 B93、B45 和 B97 三种颜色的马克笔对玻璃进行上色。

图 9-3 左侧玻璃上色

图 9-4 中间墙面上色

步骤四

如图 9-4，使用 C-3、C-5、C-7、W-1 和 W-3 五种颜色的马克笔对中间的墙面进行上色。要注意受光面使用 W-1 和 W-3 暖灰色，这样才会表现出建筑的冷暖对比效果。

步骤五

如图9-5，使用B00和BG01两种颜色的马克笔对阳台玻璃进行上色，使用B93和B45两种颜色的马克笔对玻璃进行上色。

图9-5 中间玻璃上色

步骤六

如图9-6，使用W-3、C-5和C-7三种颜色的马克笔对右侧的墙面进行上色。

图9-6 右侧墙面上色

步骤七

如图 9-7，使用 B93、B45 和 B97 三种颜色的马克笔对玻璃进行上色。要绘制出上深下浅的过渡效果，这样表现出来的玻璃才会真实。

图 9-7 右侧玻璃上色

步骤八

玻璃是具有反射效果的，因此要在玻璃上绘制出植物，如图 9-8，使用 YG63、YG67 和 G99 三种颜色的马克笔在下面的三层玻璃上绘制出植物的形状。

使用 C-7 颜色的马克笔绘制出阳台栏板的阴影。

图 9-8 在玻璃上绘制植物

步骤九

如图 9-9，使用 YG91、YG95、YG00、YG63、BG96 和 E57 六种颜色的马克笔对左侧远处的植物进行上色。

图 9-9　右侧灌木和绿篱上色

步骤十

如图 9-10，使用 YG11、YG63、YG67、YG91、YG95、G99 和 E37 七种颜色的马克笔对右侧远处的植物进行上色。

图 9-10　右侧远处植物上色

步骤十一

如图 9-11，使用 Y02、YG00、YG63 和 G99 四种颜色的马克笔对所有的草地进行
上色。

图 9-11 草地上色

步骤十二

如图 9-12，使用 Y02、YG00、YG63、YG67 和 G99 五种颜色的马克笔对近处的
灌木和绿篱进行上色。

图 9-12 灌木和绿篱上色

步骤十三

如图 9-13，使用多种艳丽颜色的马克笔对所有的人物进行上色，颜色可以参考第
5 章。

图 9-13 人物上色

步骤十四

如 图 9-14，使 用 C-3、C-5 和 C-7 三种颜色的马克笔对地面、地砖、建筑和人物阴影进行上色，增加画面的立体感。最后在对局部细节进行细微的调整，这样写字楼案例的颜色就绘制好了。

图 9-14 地面和阴影上色

第 10 章　教学楼上色技法

本章将分步骤详细讲解俯视透视教学楼的马克笔上色技法，具体上色步骤如下：

步骤一

我们先来绘制周围的树木和草地，如图 10-1，使用 YG11、YG63 和 YG91 三种颜色的马克笔对远景的树木进行上色。

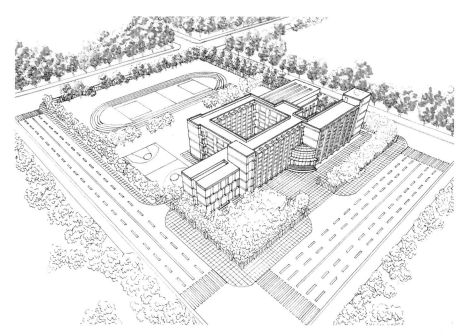

图 10-1　远景树木上色

步骤二

如图 10-2，使用 BG96 颜色的马克笔对远景树木进行局部加深，增加树木的立体感。使用 YG91、YG95 和 YG63 三种颜色的马克笔对远景的草地进行上色。

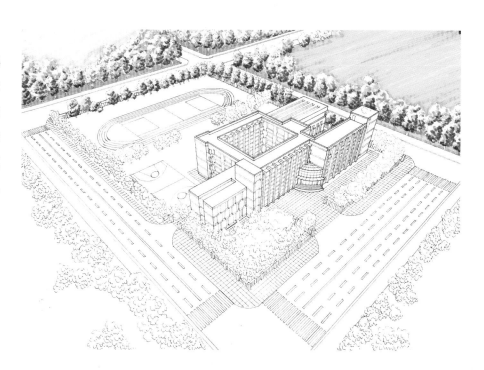

图 10-2　远景草地上色

步骤三

如图10-3，使用YG03、YG67、YG95和G99四种颜色的马克笔对近处的树木和草地进行上色。使用YG00颜色的马克笔对远景的草地进行上色了，达到颜色叠加的效果。

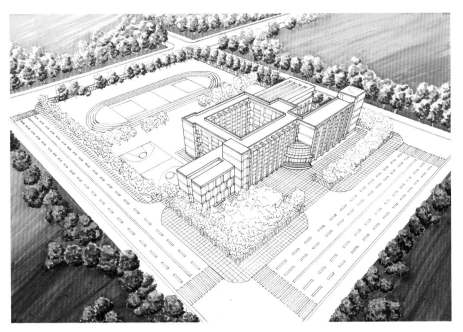

图10-3 近景树木和草地上色

步骤四

如图10-4，使用YG00、YG03、YG91、YG95和YG63五种颜色的马克笔对操场内的草地进行上色。

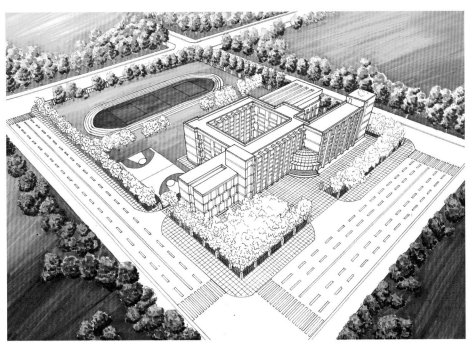

图10-4 操场内草地上色

步骤五

如图 10-5，使用 R27 和 E08 两种颜色的马克笔对操场内的跑道和篮球场地进行上色。使用 G99 和 BG96 两种颜色的马克笔对近处的草地边缘进行局部加深，增加草地的进深感。

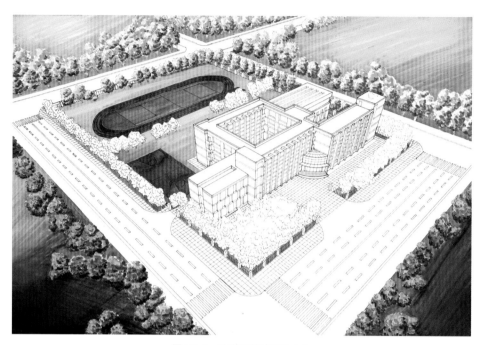

图 10-5 跑道和篮球场地上色

步骤六

如图 10-6，使用 W-3、C-3 和 C-5 三种颜色的马克笔对道路进行上色。要注意远处的道路颜色要浅，近处的道路颜色要深。

图 10-6 道路上色

步骤七

如图 10-7，使用 W-1、W-3 和 W-5 三种颜色的马克笔对建筑周围的地砖进行上色。使用 YR68 和 E08 两种颜色的马克笔对建筑墙面进行上色。

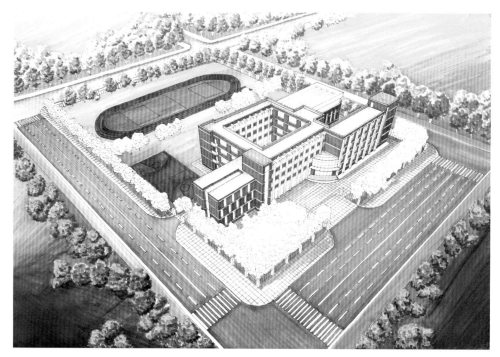

图 10-7　建筑墙面上色

步骤八

如图 10-8，使用 B00、B02、B93、B45、B39 和 B97 六种颜色的马克笔对建筑的玻璃进行上色。使用 R00、C-3 和 C-7 三种颜色的马克笔对建筑的屋顶进行上色。

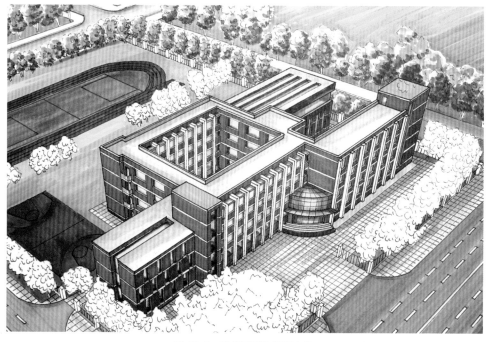

图 10-8　建筑玻璃和屋顶上色

步骤九

如图 10-9，使用 C-1、C-3 和 C-7 三种颜色的马克笔对建筑的扶墙柱进行上色。使用 YG00、YG03、YG11、YG67 和 G99 五种颜色的马克笔对教学楼周围的树木进行上色。使用 E37 和 E57 两种颜色的马克笔对围墙的柱子进行上色。

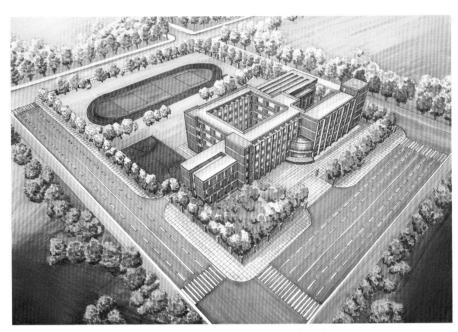

图 10-9 扶墙柱、周边树木和围墙柱上色

步骤十

如图 10-10，使用 C-3、C-5 和 C-7 三种颜色的马克笔对地面上建筑、树木的阴影进行上色，增加画面的立体感。最后在对局部细节进行细微的调整，这样教学楼案例的颜色就绘制好了。

图 10-10 阴影上色并细节调整

设计手绘丛书

古建园林水彩表现分步精解
定价：48.00元

景观园林马克笔表现分步精解
定价：48.00元

居住区景观马克笔表现分步精解
定价：48.00元

建筑马克笔表现分步精解
定价：48.00元

室内马克笔表现分步精解
定价：48.00元

作者简介

李一飞

2000—2004年在辽宁省从事建筑方案设计工作；
2004—2005年任职于北京范道国际设计咨询有限公司；
2006年在北京原景公司担任高级渲染师。
曾在2003年北京举办的"新北京，新民居"全国别墅设计大赛中荣获优秀奖；
曾荣获辽宁省优秀设计奖一次、抚顺市优秀设计奖两次。

韩垚

2000—2004年在辽宁省从事建筑方案设计工作；
2004年至今在国内外几家知名公司担任部门主管和项目经理；
曾在2003年北京举办的"新北京，新民居"全国别墅设计大赛中荣获优秀奖。